WITHDRAWN

YOUTUBER

Gabriel Jaraba

YOUTUBER

MA
NON
TROPPO

© 2015, Gabriel Jaraba

© 2015, Redbook Ediciones, s. l., Barcelona.

Diseño de cubierta: Regina Richling.

Ilustración de cubierta: Shutterstock

Diseño interior: Amanda Martínez.

ISBN: 978-84-15256-81-6
Depósito legal: B-19.979-2015

Impreso por Sagrafic, Plaza Urquinaona, 14 7º 3ª, 08010 Barcelona

Impreso en España - *Printed in Spain*

Dedicado a mis compañeros del Gabinete de Comunicación y Educación de la Universidad Autónoma de Barcelona. Especialmente a José Manuel Pérez Tornero, Santiago Tejedor, Mireia Sanz, Xavier Ortuño, Geisel García Graña, Marta Portalés, Ricardo Carniel, Judit Calle, Almudena Esteban, Antonio Martire, Danuta Asia-Othmann, Alodia Quesada, Juan Francisco Martínez Cerdà, Laura Cervi, Lidia Peralta, Ling Tang, Bing Zhang, Mireia Pi, Tomás Durán, Fabio Tropea, José María Perceval, Charo Lacalle, Pere O. Costa, Janneth Trejo, María José Recoder, Santiago Giraldo y Lidia Peralta.

A todos los alumnos de Periodismo y escritura periodística multimedia que me han permitido continuar aprendiendo con ellos.

Con mi agradecimiento a Alba Castilla, periodista de televisión y alumna del Grado en Periodismo de la UAB, por la lectura crítica del original de esta obra y sus certeras aportaciones, especialmente en los apartados de producción y edición, que han enriquecido las recomendaciones prácticas del libro.

ÍNDICE

1

INTRODUCCIÓN

LA TELEVISIÓN PLANETARIA YA ESTÁ AQUÍ

La cultura de la imagen en la vida móvil, un nuevo modo de expresarse y relacionarse

 Ser un youtuber, producir y difundir vídeos en la Red es una actividad divertida y formativa que nos hace crecer y puede llevarnos al éxito.

Actualmente está de moda comunicar. Todos deseamos ser comunicadores y desarrollar nuestras capacidades comunicativas. Eso es bueno, pues la comunicación es una de las cualidades esenciales del ser humano. El bicho humano es un ser social, hecho para vivir en comunidad y relacionarse con sus semejantes. Comprende el mundo en que vive y evoluciona en él gracias a la estructura de su mente, que es lingüística y simbólica; eso quiere decir que las personas pensamos en términos de conceptos y los expresamos con palabras. Además, no solamente pensamos sobre lo que vemos con los ojos sino con lo que construimos con nuestra imaginación. La comunicación es la vida.

No es necesario ser un profesional para comunicar y hacerlo bien. Hoy día, internet nos permite la posibilidad de hacerlo, con muchos medios y para audiencias muy amplias. Gracias a la red, «la comunicación es hoy el centro de nuestras vidas». Todos somos usuarios de la comunicación. Pero además, ahora somos comunicadores en potencia[1].

La combinación de internet con los dispositivos audiovisuales que nos proporcionan las tecnologías de la comunicación y la información, como teléfonos móviles inteligentes, tabletas y videocámaras digitales, pone en nuestras manos el arte de la comunicación audiovisual. Ello nos permite expresar nuestros sentimientos e ideas, igual que podemos hacerlo con la música, la escritura o el dibujo, y además nos da la oportunidad de relacionarnos con otras personas, de contactar con gente interesante, de hacernos visibles en los entornos digitales y de gozar del placer de aprender unas habilidades que nos hacen tomar más confianza en nosotros mismos. Expresarse mediante la comunicación puede ser un pasatiempo divertido pero también algo más: un modo de estar en el mundo y de vivir, una manera de socializar y de crecer.

La comunicación audiovisual se enseña en las facultades universitarias y en las escuelas técnicas a aquellas personas que desean dedicarse a ello como profesionales. No todas las personas pretenden, sin embargo, convertirse en profesionales del audiovisual cuando toman una cámara o un dispositivo móvil para comunicarse. La popularización de las nuevas tecnologías nos ha liberado incluso de ese imperativo de la profesionalidad, ponen a nuestra disposición las cosas necesarias para hacer algo que nos interesa y nos divierte. Hay voces que censuran esta popularización; parece como si expresarse y comunicarse fuera algo malo o perjudicial, y no es así. Es una buena cosa aprender a grabar vídeos igual que lo es aprender a dibujar o tocar un instrumento.

Lo que pasa es que un instrumento musical se puede tocar bien o desafinar como un gallo a punto de degüello. Se puede dibujar un retrato fiel al rostro de una persona o convertir la imagen de nuestro modelo en una patata. Como todo arte y habilidad, el valor de la comunicación se mide por sus resultados. Si queremos comunicar hemos de aprender a hacerlo exitosamente. Y para eso no hace falta un virtuosismo técnico sino ir dándose cuenta, poco a poco, de lo que la comunicación es y requiere. La medida del valor de lo que comunicamos no la damos nosotros sino aquellos a quienes va dirigida.

---

1 *Periodismo en internet. Cómo escribir y publicar contenidos de calidad en la red.* Gabriel Jaraba. Redbook ediciones, Barcelona 2014.

> **La primera regla de oro de la comunicación es saber qué le interesa a la gente.**

Toda persona que se dedique a la comunicación debe tener presente la primera regla de oro del arte de saber comunicar: «¿Qué le interesa a la gente? Lo que hace la otra gente». No son las tecnologías las que atraen la atención de las personas sino lo que estas pueden conocer de otras personas gracias a y a través de la tecnología. El éxito de las nuevas tecnologías de la comunicación no es el triunfo de los aparatos que las encarnan sino las posibilidades que ofrecen en términos de relaciones humanas, de conocimiento y encuentro de unos humanos con otros. Es mentira que el teléfono móvil aísle a la gente: nunca las personas habían tenido semejante posibilidad de contacto permanente gracias a este dispositivo.

No ha sido la telefonía móvil la que ha acabado con unas amables tertulias en las que supuestamente unos civilizados ciudadanos conversaban plácidamente con otros; lo ha hecho una organización de la vida económica y una degradación de las condiciones de trabajo que han impulsado a las personas a afanarse muchísimo más para ganarse la vida, y unos horarios tanto de producción como de ocio que son letales tanto para la vida productiva como para la familiar. Al contrario: han sido los dispositivos móviles los que nos han permitido recuperar el contacto de unos con otros. Por esta razón el uso de internet está desplazándose de los ordenadores a los teléfonos móviles y las tabletas, porque la Red se integra cada vez más en la vida real de los ciudadanos, que es una vida móvil.

> **¿Qué quiere decir «vida móvil»? Una forma de organización de la vida cotidiana en la que cuentan menos las ataduras territoriales (vivienda fija, trabajo fijo, relaciones fijas) que los vínculos emocionales y la necesidad de estar en contacto con la propia gente.**

Los vídeos de YouTube que realizan los youtubers son una forma cultural propia de la vida móvil, junto con los mensajes de WhatsApp, los SMS y las relaciones vía Facebook o Twitter. Integrados en la plataforma YouTube son los elementos de una poderosísima red social (propiedad del potente grupo empresarial de Google) que, como hemos dicho, constituye la macrotelevisión planetaria. Pero es una televisión interactiva en lo que respecta a los proveedores de sus contenidos.

Estar en YouTube con tu propio canal difundiendo allí tus vídeos significa disponer de una visibilidad potencial enorme, de un espacio en el que interactuar con otros videocreadores, poseer un escaparate de tus creaciones que puede ser visto por aquellos a quienes te convenga interesar y darte a conocer y gestionar un medio de comunicación a partir de tus contenidos capaz de influir o por lo menos ser visible.

Tu propio canal de YouTube es tu medio de comunicación audiovisual en el que se muestra tu creatividad videográfica, inserto en una estructura de red social que no se limita a lanzar tus contenidos al mundo sino que los integra en una comunidad humana de la que puede formar parte tu grupo más inmediato.

Porque con ello te conviertes en un youtuber, un miembro de una nueva generación de jóvenes creadores audiovisuales que gracias a la gran plataforma de difusión que es YouTube han saltado a la popularidad y han llamado la atención de los medios de comunicación y de los internautas, atraídos por su capacidad comunicativa mediante el vídeo y su habilidad para causar impacto con él.

Por ese motivo, si alguien desea ser un youtuber, debe plantearse no solamente lo que desea mostrar en ese poderoso medio sino qué hacer para conseguir comunicar con el gran número de personas que convoca.

Veamos pues cuál es la segunda regla de oro del arte de comunicar: «¿Cuál es la gente que nos interesa? La que es como nosotros». Por supuesto, sentimos curiosidad por saber de formas de vivir distintas, ver qué hacen las gentes diferentes. Pero eso es, precisamente, curiosidad. Interés significa deseo de vincularse a alguien y de relacionarse con él. Queremos relacionarnos con nuestros iguales, porque ello nos proporciona reconocimiento, seguridad y reforzamiento de nuestra identidad. El teléfono móvil es el salvavidas de los migrantes, pues ejerce el papel de cordón umbilical que les mantiene unidos a los suyos, a su comunidad, a su grupo de encuentro en el país al que se ha emigrado, y por tanto es el medio que les permite sobrevivir emocionalmente en tierra extraña. Ese papel lo cumplió en otros tiempos la correspondencia postal; esa conexión móvil de la actualidad es el vínculo emocional de los grupos humanos en el tiempo actual. Por eso podemos llamar «vida móvil» a este nuevo modo de vivir y relacionarse.

La cultura de la imagen ha presidido el cambio de la vida fija a la vida móvil. De la imagen en movimiento, por supuesto: el cine, la televisión, el vídeo y los videojuegos. Y la inundación de la imagen en movimiento nos ha devuelto a la fotografía, del mismo modo que la implantación del correo electrónico nos hizo practicar de nuevo la otrora casi desaparecida correspondencia escrita.

> **Las famosas «selfies» son el equivalente a la tarjeta postal que antes enviábamos por correo desde un lugar de vacaciones para compartir con nuestro corresponsal un momento de alegría.**

Imagen, personas, contacto y relación humana, tecnología de la comunicación, dispositivos móviles, ubicuidad de las conexiones: palabras clave para aproximarnos a una nueva forma de comunicación en la que muchos jóvenes buscan cosas como:

▶ Relacionarse con su grupo de pertenencia y reforzar su vinculación a él.

▶ Conectar con gente de su edad, ampliar sus relaciones.

▶ Hacerse visible en el mundo y entre los suyos.

▶ Reforzar la propia identidad para conocerse a sí mismos.

▶ Expresarse, poner a prueba sus habilidades.

▶ Acercarse a la cultura audiovisual y formar parte de ella, porque es la centralidad de la cultura y la vida.

Hacer fotos y vídeos de manera instantánea con dispositivos móviles y publicarlas en internet es una forma de cultura popular que permite expresarse y relacionarse.

Expresarse y relacionarse es un modo de crecer e integrarse en la sociedad. Si el uso lúdico de las tecnologías audiovisuales móviles en red permite hacer tal cosa, entonces esa actividad tiene una cualidad educativa. A estas alturas nadie duda de que la educación puede, y a menudo debe, ser divertida. «Para definir la educación más allá de la escuela, debemos comprender los procesos de aprendizaje no formal e informal. También debemos entender situaciones que cumplen funciones educadoras a través de diferentes formatos, medios o lógicas, e incluso algunas circunstancias, que pudiendo parecer difusas y no intencionadas, resultan igualmente educativas»[2].

Quizás al leer estas líneas algún joven piense «caramba, ya me van a poner tarea con la excusa de los vídeos». Ojalá no sea así; los niños, adolescentes y jóvenes siempre han sabido hacer de sus aficiones elementos valiosos para su crecimiento personal sin que ellos deban ser absorbidos por la escuela o la familia. De hecho, los jóvenes deberían cuidar de que sus actividades personales de ocio, y muy especialmente las de tipo generacional, no lleguen a ser integradas por educadores bienintencionados. La autonomía de los niños, adolescentes y jóvenes en sus formas de ocio creativo y asociación interpersonal es un bien que debe ser preservado, como ya demostró el movimiento scout desde inicios del siglo xx. Un siglo después, aún no se tiene claro que esa autonomía juvenil es necesaria e imprescindible, pues hace personas libres, independientes, seguras y sociables. La nueva cultura audiovisual de la vida móvil puede contribuir a potenciar ese bien.

Pero este libro está dirigido a los jóvenes que desean perfeccionar su capacidad de crear, producir y difundir vídeos en internet, y quizás los educadores podrían hallar en él un instrumento útil para sus tareas. Ahora que tantas personas preocupadas ante la extraordinaria difusión de las nuevas tecnologías nos previenen sobre la «adicción a las pantallas» es necesario no perder la sensatez y saber distinguir entre comportamientos problemáticos —que son siempre una excepción que no debe ser generalizada— y el entusiasmo que despiertan actividades de por sí divertidas, atractivas y fructíferas como son la comunicación en red y la práctica de la cultura audiovisual.

---

2 *Guía de tecnología, comunicación y educación para profesores: preguntas y respuestas.* José Manuel Pérez Tornero y Santiago Tejedor, eds. Ed. UOC, Barcelona 2014.

> *El aprendizaje del youtuber es el desarrollo de una habilidad técnica, pero sobre todo de una capacidad artística y de la propia personalidad creadora.*

La situación presente se parece mucho a la que viví en mi adolescencia, época en que se produjo el inicio del rock y el pop; cuando en Inglaterra triunfaban los Beatles en mi ciudad llegaron a formarse más de cuatro mil grupos de música con guitarras eléctricas, integrados por chicos de 14 a 18 años, que ensayaban en almacenes, garajes, bajeras y todo tipo de locales disponibles en los barrios populares. Queríamos hacer como hacían los grupos musicales que admirábamos, del rock americano, del pop inglés, y no es que soñáramos ser como los Rolling Stones, simplemente deseábamos expresarnos y agruparnos del modo que ellos mostraban, que nos apasionaba y en el que reconocíamos algo muy nuestro. Los adultos que nos recriminaban lo que consideraban una afición estúpida y embrutecedora –«¡esos pelos que llevas!»– se parecían mucho a quienes hoy día se lamentan por la «afición a las pantallas»; estos considerarían ahora un enorme progreso que los jóvenes que se dedican a ellas aprendieran a tocar un instrumento musical.

Agarremos pues nuestras videocámaras, teléfonos móviles y tabletas y salgamos a la calle a hacer vídeos; si uno se convierte en un youtuber en internet no llegará a ser un Mick Jagger audiovisual (o quizá sí) pero habrá hecho crecer un poco más esa creatividad que lleva dentro y que es necesario que surja y se exprese.

Haciéndolo de este modo, cosecharemos uno de los mayores bienes que la vida nos ofrece: el placer del aprendizaje. Una cosa es que a uno no le guste la escuela y otra muy distinta que no le guste aprender. No estoy seguro de que a quienes les disgusta lo primero aborrezcan también lo segundo. El bicho humano tiene una característica biológica fundamental, además de su mente lingüística y simbólica: mirado desde la cibernética, el hombre es un sistema abierto. ¿Qué quiere decir esto? Un sistema cerrado es una máquina: repite siempre las funciones para las que ha sido diseñada y montada. Aunque opere en el entorno, su interacción con él consiste estrictamente en ejecutar su función, sin que su estructura y funcionamiento cambien para adaptarse a las circunstancias que la rodean.

Un sistema abierto, en cambio, no es una máquina, aunque ejecute funciones y opere sobre el entorno. El sistema abierto interactúa con su medio dejándose influenciar por él y experimentando cambios producto de su interacción con el entorno. Un motor de explosión, por ejemplo, funciona con gasolina, y si le pones otro combustible, se estropea. El ser humano, en cambio, funciona con combustibles muy diversos: vegetales, lácteos, carne, pescado, cereales... Cuando un grupo humano se desplaza de una zona a otra del planeta cambia su alimentación, y lo hace descubriendo cómo le puede hacer provecho la comida que se halla en el nuevo lugar. Su organismo se adapta a la nueva alimentación; la adaptación es biológica, su sistema digestivo acepta y asimila una comida diferente.

No es sólo la capacidad de adaptación biológica lo que hace del bicho humano un sistema abierto. Lo fundamental es que las personas nos adaptamos a las nuevas circunstancias mediante el aprendizaje. De hecho, aunque dejemos la escuela cuando nos hagamos mayores, los hombres seguimos aprendiendo toda la vida, de un modo u otro. El aprendizaje es la clave del funcionamiento del sistema abierto humano. Sin aprendizaje no crecemos, no podemos funcionar en un entorno que cambia inevitablemente con el paso del tiempo, aunque no nos movamos del lugar. Estamos obligados a aprender: nuevas habilidades, nuevos trabajos, nuevas ideas, tratar a gente nueva, desenvolvernos en entornos nuevos. Si no aprendiéramos todo el tiempo nos colapsaríamos, como el motor a gasolina que si se le echa leche se estropea.

Ese aprendizaje continuo que es nuestra vida, si lo ejercemos de manera consciente y voluntaria, no sólo es un medio de crecimiento sino una fuente de placer. El bicho humano es un bicho curioso, como todos los primates con los que compartimos muchos rasgos biológicos; curioso como los chimpancés. Nos proporciona placer aquello que nos impulsa a vivir, lo que es fundamental para la vida. El aprendizaje es una de esas cosas fundamentales para vivir. Aprender siendo conscientes del placer que encierra ese aprendizaje consciente es un gozo incomparable.

Por eso es bueno aprovechar las nuevas oportunidades de aprendizaje que nos trae la vida. Los aprendizajes informales nos dan la ocasión de hacer cosas nuevas, en un momento que, dejados atrás los estudios formales, necesitamos seguir aprendiendo para vivir con ilusión. La creación, producción y realización de vídeos para YouTube es una de esas oportunidades; por eso hemos dicho desde el principio que esa posibilidad nos pone en situación de crecer mediante la expresión de una nueva capacidad. Tómese pues este libro como un manual del disfrute cotidiano mediante el placer incomparable del aprendizaje continuado... en versión audiovisual.

Ahora podemos mirar a nuestra videocámara o *smartphone* de un modo distinto: en nuestras manos se convierten en una poderosa arma que nos hacen estar presentes en el mundo, ser vistos y tenidos en cuenta, intervenir en la sociedad mostrando nuestras habilidades y ofreciéndole al mundo nuestra manera de ver y contar cómo son las cosas o cómo nos parecen. No es una tarea menor. Es una manera de crecer, hacernos más humanos y llevar una vida mejor, más creativa y más autónoma.

2

YOUTUBERS

EL MEGAMUNDO DE LA MICROIMAGEN

Un nuevo estilo de comunicación crea un universo de vídeos con todo tipo de historias y saca a la luz a una nueva generación

Los youtubers se dirigen a un público de mil millones de internautas que entran cada mes en YouTube: son la mayor audiencia audiovisual jamás soñada

A inicios de 1967 la televisión por satélite estaba lo suficientemente avanzada como para experimentar con el sueño dorado de la comunicación moderna; una televisión que se viese en el mundo entero. Aún estábamos lejos del *boom* de la televisión informativa mundial de los años ochenta y noventa, a partir del éxito de la CNN. El éxito global de la época eran los Beatles, que acababan de publicar su álbum *Sergeant Pepper's Lonely Hearts Club Band*, y ellos fueron los personajes escogidos por la BBC, la televisión pública británica, para inaugurar la primera emisión de televisión por todo el mundo. John, Paul, George y Ringo protagonizaron un programa de seis horas de duración, titulado *Our World*, en el que interpretaron una canción compuesta especialmente para esa ocasión: *All you need is love*. Era un domingo por la noche, el programa se emitió en 24 países y tuvo una audiencia de 400 millones de personas.

Los Beatles protagonizaron un programa de seis horas de duración para la BBC que obtuvo una audiencia en todo el mundo de 400 millones de personas.

La canción era un himno fraternal, una llamada al amor en plena eclosión del movimiento hippie y el pacifismo juvenil, la cultura de «los niños de las flores» y la utopía de la era de Acuario. Los Beatles acertaron: la nueva comunicación global que inauguraron aquella noche de domingo sería obra de quienes tuvieron aquel sueño. Internet ha sido un proyecto nacido de la mentalidad y la habilidad de gentes surgidas de entre la generación hippie de California de los sesenta y setenta. Una red al alcance de todos, en la que cualquiera puede participar, que difunde por todas partes ideas, conocimiento e imágenes que vale la pena compartir. Una tecnología basada en estructuras blandas y compatibles con la ecología, una red sin jerarquía que subsiste aunque sus nodos puedan dejar de funcionar, una ingeniería surgida de la imaginación sin prejuicios y de una nueva concepción del mundo y de las cosas que nos rodean. Por eso la imagen y la música están en el centro de ese nuevo megamedio universal.

La televisión universal a la que aspiró la comunicación satelital ha sido hecha realidad por YouTube, pero a cambio de desplazar el visionado del televisor hacia los dispositivos móviles y el consumo en línea.

Es un megamundo poblado por millones de microimágenes en el que convive lo más bello y lo más feo, lo más ingenioso y lo más estúpido, lo más interesante y lo más aburrido. Ese megamundo es, pues, el mundo. Y desde el 23 de abril de 2005 podemos decir que la televisión global es un hecho: fue cuando se colgó el primer vídeo en YouTube. Desde entonces, cualquier persona puede, desde su casa, sin costes y sin complicaciones técnicas, comunicar audiovisualmente con todo el planeta. Veremos en las páginas siguientes cómo conseguir esto con la máxima facilidad y la mayor eficacia.

No se trata de un mundo marginal. Si Google es el sitio de internet con mayor número de usuarios, YouTube es el segundo. Pero es la primera red social del mundo, por delante de Facebook y Twitter, una red social audiovisual, que no se limita a reproducir vídeos sino que relaciona a sus usuarios entre sí y constituye una de las expresiones más excelentes de la web 2.0: un espacio colaborativo e interactivo que define una plataforma mundial de comunicación, relación y promoción de materiales, ideas y actividades que se expresan de modo audiovisual.

Eso es mucho más que la televisión convencional, la televisión vía satélite o cualquier otro tipo de interconexión visual. Según el Estudio General de Medios de 2013, tres de cada diez personas dejaron de consumir televisión tradicional desde el momento en que conectaron su televisor a internet y se dispusieron a visionar contenido audiovisual en línea.

De hecho, cada vez hay más gente que ve televisión sin usar el televisor. Gracias a los dispositivos móviles, el uso de internet se ha convertido en una acción cada vez más individual; el televisor es cada vez menos un punto de reunión familiar. Pero han sido los jóvenes youtubers quienes han convertido esa nueva televisión planetaria en línea en un punto de referencia común e incluso en un medio de comunicación

grupal en clave generacional. Esto demuestra que no existen tanto determinismos tecnológicos en la comunicación como la capacidad de la inventiva humana –y de las necesidades sociales– para dar forma a los usos de la tecnología de manera a menudo insospechada.

Lo que engaña al acceder al universo youtuber es lo extremadamente diverso y aparentemente caótico de los elementos que lo constituyen. Los nombres de los protagonistas, las imágenes, los modos de expresarse, las referencias culturales y las expresiones estéticas. Todo ello puede hacer creer que nos encontramos ante una moda pasajera o un comportamiento marginal limitado a un sector reducido de la población. Pero en realidad estamos ante lo que se puede llamar una forma de apropiación de la tecnología comunicativa, un uso espontáneo de la comunicación por parte de una generación que tiene una serie de rasgos comunes e inquietudes semejantes. Por eso he comenzado este capítulo haciendo referencia al caso del nacimiento de la música pop en los años sesenta del siglo XX y de su rapidísima difusión por todo el mundo, aunando bajo sus formas artísticas a enormes sectores de población de los países más diversos.

Las microimágenes del megamundo de YouTube proyectan a primera vista una sensación de confusión abigarrada. Veamos pues cómo podemos descubrir lo que más vale la pena de todo lo que hay allí. En este caso no nos valen los géneros tradicionales del audiovisual (ficción dramática, música, contenidos culturales, programas de flujo, etc.) pues del mismo modo que Internet ha obrado un efecto disruptor que ha hecho saltar por los aires las convenciones en torno a la comunicación, la televisión global que alberga ha hecho lo propio respecto a los géneros.

Ese ingente número de imágenes que parecen corresponder a un mundo caótico son en realidad el producto de un nuevo fenómeno, lo que podríamos calificar de movimiento social comunicacional. Son los youtubers, los jóvenes creadores en vídeo que han tomado YouTube como su plataforma privilegiada de expresión y que han consolidado una forma de comunicación audiovisual que va más allá de la mera videografía, supera en inmediatez e impacto a la televisión y no tiene nada que ver con el cine y sus estructuras de producción.

> **Los youtubers se han convertido en un verdadero movimiento creativo generacional y social.**

El movimiento youtuber es cada vez más motivo de conversación e incluso de debate. Comienzan a celebrarse encuentros y simposios de youtubers, los medios de comunicación ven en ellos una especie de juventud dorada que gana dinero a chorro con sus vídeos y algunos consideran que los youtubers son una muestra de esos jóvenes que han recibido buena formación pero no hallan un empleo acorde con sus capacidades, de modo que han sabido abrirse una brecha insospechada en la red.

La monetización que los youtubers– sólo algunos de ellos, en realidad– consiguen de sus vídeos es el aspecto más llamativo del fenómeno. A la prensa le gustan las historias singulares, llamativas, los casos únicos. En un momento que la llamada crisis económica causa una grave precariedad en el empleo e impulsa a los jóvenes hacia la periferia del sistema, al no ser capaz de proporcionar ocupación adecuada a la generación que anteriormente se formó en una enseñanza pública superior y de calidad, los youtubers aparecen como emprendedores de sí mismos, gente que ha sabido aprovechar internet para conseguir aquello a lo que aspira toda persona joven con ánimo de profesionalización: convertir su afición en profesión, desarrollar sus habilidades personales en forma de competencias industriales, combinar lo tecnológico con lo artístico, y con todo ello expresar su personalidad ante un público muy amplio, ocupando su lugar en el marco social.

Y lo que es más importante: accediendo a una dimensión social planetaria, a un mundo sin fronteras tejido por la red de internet en el que la comunicación configura una mentalidad que antes hubiéramos calificado de generacional y que ahora aparece como una sensibilidad común a muchas culturas y países.

Esa sensibilidad común, propia de lo que antes hemos llamado vida móvil, es la que origina y a la vez reflejan los youtubers. Ellos no han hecho otra cosa que agarrar las herramientas que les ha proporcionado, por una parte, la cultura de la comunicación de masas y por otra, las tecnologías digitales que han avanzado gracias a internet por un camino que las hace cada vez más asequibles, más ligeras y más adaptables.

De hecho, los youtubers viven ahora lo que una década antes sucedió con el periodismo digital. Éste se convirtió en *periodismo mashup*, al dar forma a un modo de información compuesto por la agregación de diversos lenguajes, tecnologías y plataformas; ahora, el youtuber es algo que va más allá de un mero operador de cámara o realizador audiovisual. Es un comunicador que actúa en la inmediatez más rotunda, que sabe sacar petróleo de la precariedad económica o técnica, que es capaz de comunicar con sus iguales en la red y conoce de manera casi intuitiva el uso de un lenguaje audiovisual que expresa de manera excelente no una subcultura generacional sino algo más importante: la capacidad de comunicación directa, clara y rotunda mediante los recursos de la palabra, la dramatización y el poder de la imagen.

Dicho así parece algo exagerado. Pero la cultura humana ha aspirado siempre a realizar una comunicación inmediata y directa, a desarrollar una manera de relacionarse entre personas que potenciara todos los recursos expresivos de los individuos y fuese capaz de establecer contactos entre ellos que resultasen significativos e incluso intensos. Nacidos en la cultura de la imagen y educados como nativos digitales, los youtubers son la última generación de la civilización moderna que ha sido capaz de sintetizar, como grupo, esa excelencia comunicacional a la que ha aspirado desde siempre la fina línea roja de las humanidades. Los eruditos los despreciarán por sus modos propios de la cultura pop pero los youtubers han logrado hacer realidad una antigua aspiración cultural: la comunicación total.

Temas, géneros, experiencias y estilos más comunes en YouTube

Las formas de comunicación de los youtubers y los géneros en que se expresan constituyen, como hemos dicho, un todo abigarrado en el que a menudo es difícil distinguir las clasificaciones propias de la comunicación audiovisual que el estudio de esta disciplina ha establecido. Las posibilidades de esa comunicación directa han roto los límites entre géneros, han mezclado lenguajes y han desarrollado las tecnologías digitales poniéndolas al servicio de la expresividad más pura.

Si algo distingue al modo youtuber de hacer las cosas es la inmediatez, la capacidad de comunicación directa: hacer y decir ahora y aquí lo necesario para establecer un contacto significativo entre personas. Música, moda, publicidad, información, humor... todo ello no son más que motivos, excusas si se quiere, puntos de partida para establecer un modo de comunicación dialogada que se basa en muchos sobreentendidos, en una cultura pop audiovisual común a todos los participantes en una conversación. Es un nuevo avance del concepto clave de la tendencia 2.0 de internet: una conversación en red en la que todos pueden participar.

Lo que distingue al «estilo youtuber» y resulta común a los miembros de este movimiento es su capacidad de expresión espontánea –o la construcción elaborada de algo que se le parece. No se trata de tener labia o capacidad de «enrollarse» sino de facultades que vienen favorecidas por una educación que ya existía de base y que es fruto de la extensión de la educación, tanto en la enseñanza media como en la superior, a la mayoría de la población. Los youtubers son los jóvenes que han aprovechado su paso por la escuela o la universidad y llevan en el bolsillo la capacidad de expresión propia de quienes dominan el empleo de la palabra, la imagen, los recursos gráficos y la capacidad narrativa. Véase cómo se expresa **Luzu**, un youtuber famoso y cuál es la calidad de los vídeos que realiza, para darse cuenta de que un youtuber no es un chico cualquiera al que le ha caído del cielo una videocámara sino una persona que ha sabido dotarse de una formación.

Volveremos sobre el amigo Luzu al final de este capítulo. Pero mientras tanto, retengan los candidatos a youtubers una idea: es necesario saber expresarse, saber escribir, saber hablar, disponer del poder del conocimiento y de la rapidez mental para captar lo esencial de cada cosa, antes de pretender triunfar con un vídeo en YouTube. El camino del youtuber es para quienes saben aprovechar lo que se hace en la escuela, el instituto o el centro de formación media o superior. En la sociedad del conocimiento, saber y saber hacer es imprescindible para ser alguien y aparecer en público como una persona digna de atención. Ser youtuber no es para los flojos, los que no atienden a los estudios y los que creen que basta con una cara bonita para tener éxito. Un youtuber es alguien que sabe.

A continuación describiremos algunas de las tendencias o agrupaciones que forman actualmente el grueso de los contenidos que pueblan YouTube y que surgen del talento y la espontaneidad de los youtubers de la red. No es una clasificación estricta en géneros delimitados por barreras rígidas sino una agrupación de urgencia que sirve para orientarse dentro del universo youtuber y que ayuda a distinguir a los youtubers a través de la comprensión de sus respectivos estilos.

▶ Músicos emergentes.

▶ Performances virales.

▶ Humor y frikadas.

▶ Tutoriales.

▶ Moda y belleza.

▶ Experiencias y opiniones.

▶ Covers y parodias.

▶ Comedia y monólogos.

▶ Webseries.

- Nuevos talentos.
- Gameplays.
- Recetas de cocina.
- Clips y lyric vídeos.
- Informativos.
- Documentales.
- Fashion films.
- Vídeo CV.
- Deportes extremos.
- Vídeos educativos.

Músicos emergentes

Justin Bieber o **Pablo Alborán** son «productos You-Tube». Justin fue descubierto por un productor discográfico porque su madre había colgado en la red audiovisual un vídeo con una actuación suya en un concurso de cantantes en el que había quedado segundo. El chico tenía 12 años en 2008 y al año siguiente ya conseguía su primer gran éxito con *My World*. Desde entonces se ha convertido en el ejemplo más destacado del potencial youtubero en cuanto a caldo de cultivo de nuevos talentos a descubrir.

Pablo contaba con una formación musical más sólida que Justin Bieber, pero comenzó a difundir sus canciones en My Space, la red social pionera de Microsoft que se convirtió en una gran plataforma musical para cantantes y grupos emergentes. Su primer vídeo obtuvo más de dos millones reproducciones en dicho canal pero fue la difusión por YouTube de su single con la canción *Solamente tú*, con 70 millones de reproducciones y un éxito en España y Latinoamérica.

¿Significa eso que cualquier cantante o grupo musical pueden acceder al éxito discográfico desde la Red? No, o no necesariamente. Ello no depende de YouTube sino de que sean buenos y de que lo que hacen interese a un amplio mercado.

> **Recomendación:** salir en YouTube puede ser mejor que salir a la calle si eres un músico que busca audiencia. Pero si vas en serio, cuida no solamente tu interpretación sino la calidad de la instrumentación, del sonido y de la grabación en vídeo. Tus vídeos musicales serán tu tarjeta de presentación profesional y con eso no se juega.

Performances virales

¿Queda alguien en el mundo que no sepa lo que es un *lipdub*? ¿O que no haya tratado de bailar el *gagnam style*? ¿Y las *flashmobs*? Oh, de eso ya hace mucho, ahora preferimos el *Harlem Shake*. Las acciones creativas de masas (*performances*) se renuevan constantemente y se difunden y reproducen viralmente. Algunas llegan a ser populares en todo el mundo y otras permanecen circunscritas a ámbitos locales.

Lo interesante de estos casos es el modo como estimulan la capacidad imitativa de la gente, haciendo que, de repetición en repetición del modelo imitado, surjan aspectos creativos del modo de hacer la propuesta. Esto es lo que sucedió con la canción del vaso (*Cup song*), una moda que consiste en imitar una canción en la que se utilizaba un vaso como instrumento de percusión. Se trata de una pieza del folk americano titulada *When I'm gone*, que una chica llamada **Anna Burden** quiso interpretar imitando el juego del vaso, grabó un vídeo con ello y lo subió a YouTube. Mientras, se preparaba el rodaje de la película *Dando la nota,* y la protagonista, la actriz **Anna Kendrick**, quiso interpretar en ella la canción, para lo que se dedicó a aprender la técnica del vídeo de la aficionada Burden. Grabaron un videoclip con *Cup song*, fue un éxito, el triunfo repercutió en el disco y todo ello revirtió en una enorme difusión del vídeo de Anna Burden. En España el fenómeno ha sido repetido por Paula Rojo, una cantante que participa en programas televisivos de nuevos talentos y que sube a menudo vídeos a la Red.

Ana Burden interpretando *When I'm gone*

> ➤ **Recomendación:** apúntate a los fenómenos virales que co-
rran por la Red, difundiéndolos, y cuando puedas, reprodúcelos
e imítalos. Haz versiones propias de lo que veas, busca amigos
que colaboren en los vídeos, y trata de crear algo nuevo a partir
de lo imitado. Eso te desinhibirá y a partir de ahí podrás ponerte en tensión creativa.

Humor y frikadas

La facilidad del medio y lo bien que incorpora la espontaneidad han
hecho que los vídeos de YouTube sean hoy lo que en otro momento
fueron los momentos de vida social en que se contaban chistes. Bromas,
imitaciones, comentarios graciosos, parodias de todo tipo, se encuentran en todos los niveles de popularidad que existen en los vídeos de la
Red.

En la cumbre de la fama se encuentran los **Smosh**, dos jóvenes es-
tadounidenses cuyos vídeos humorísticos y de parodias cuentan con

dos millones de suscriptores. Su virtud, como la de tantos congéneres suyos, es que no se proponen interpretar sino que se muestran tal como son. El vídeo en red ha sido la salvación de los adolescentes, les ha proporcionado un medio de expresar su sentido del humor y de la broma, les ha dado un espacio en el que no precisan de referentes adultos para ser quienes son y comunicar tal como son con sus iguales. Ahora ya no hace falta disponer de un programa de televisión como en la época de Jackass en la MTV, YouTube es el equivalente de las calles o descampados donde décadas antes los chavales hacían sus gamberradas inocuas.

Los vídeos humorísticos de los Smosh cuentan con audiencias millonarias en la Red.

Hay ejemplos de jóvenes españoles que se dedican al género del humor, la parodia y el friquismo que pueden servir de inspiración. **El Rubius** (su canal en YouTube es **elrubiusomg**) destaca por lo elaborado de sus vídeos: rodados tanto en interiores como exteriores, música, parodias, videojuegos, interacción entre participantes… La improvisación necesaria está fuertemente apoyada por una elaboración cuidada, y quizá por eso **Rubén Doblas**, verdadero nombre del Rubius, es el videoblogger más popular de España en cuanto a número de seguidores.

Mel Domínguez, de pseudónimo **Focusings**, no se complica tanto la vida y lo fía todo a su capacidad de comunicación personal. Escoge un tema para comentar, mira a cámara y lo suelta todo; es simpática, tiene buena dicción y sabe tocar aquellos puntos con los que mejor puede conectar la gente joven. Es una vlogger, es decir, una videobloguera, que comenta la actualidad día a día desarrollando su punto de vista. Su mérito es ser natural.

Otros personajes a seguir en este campo son **Rhett & Link, Roman Atwood, Zorman, Enzo Vizcaíno.**

> ➤ **Recomendación:** lo más eficaz para ser gracioso es no creerse gracioso. Ser gracioso es una cosa y ser patoso otra; no hay nada peor que un gracioso con pretensiones. En tus vídeos refleja como eres, pero siempre a partir de una historia que contar que pueda interesar a los demás.

Tutoriales

Valdría la pena que existiera internet solamente para poder disponer de los vídeos tutoriales que enseñan a hacer cosas prácticas. Gustan tanto que se han convertido en un genero propio de los vídeos de YouTube. Hay quienes se sorprenden de ello, ignorando que a la mayoría de la gente le gusta descubrir el funcionamiento de las cosas ingeniosas y adquirir habilidades.

Los videotutoriales de la Red comenzaron enseñando a hacer funcionar una aplicación informática para el ordenador y actualmente alcanzan los temas más insospechados: cómo anudarse la corbata, cómo aliñar aceitunas para conservarlas, como pelar un huevo en cinco segundos o cómo afeitarse. Lo hace de maravilla **Salvador Raya**, un vlogger que no se contenta con comentar la actualidad sino que es capaz de inventarse los temas más insospechados y proporcionar tutoriales para descubrir sus secretos.

La lección a aprender de los videotutoriales es que pueden ser un camino fácil de entrada al mundo de los vídeos de YouTube. Piensa qué habilidades tienes, qué cosas sabes hacer bien y escoge una; deberás encontrar tu propio modo de desarrollarla y explicar al espectador el truco de una manera comprensible, sencilla y breve.

La gracia que tiene este género es que proponer un tutorial a tus seguidores no significa que sea algo que ellos vayan a llevar a la práctica necesariamente. Es decir, que uno mira un tutorial para distraerse, por curiosidad, porque le parece algo entretenido, más allá de una eventual aplicación práctica. Esto nos dice muy bien a qué hemos de prestar atención cuando hagamos uno: por supuesto, la habilidad que enseñamos tiene que ser consistente, estar bien explicada y debe ser posible llevarla a cabo siguiendo el vídeo. Pero por encima de todo está el interés del tema, la gracia con que lo presentemos y la originalidad tanto del asunto como de la explicación.

Elvisa Yomastercard es una de las vloggers más curiosas: sus vídeos recrean situaciones prácticas de la vida.

Una muestra de esto último es el caso de **Elvisa Yomastercard**, que define sus vídeos como tutoriales prácticos para la vida: *Cómo recuperar la dignidad cuando caemos accidentalmente, Cómo sentirse especial, Como musicalizar sonidos cotidianos* o *Cómo estar deslumbrantes*. Al visionar vídeos como estos nos damos cuenta de que el videotutorial puede ser algo muy distinto que un prontuario práctico para convertirse en un género narrativo por sí mismo, entre el periodismo de opinión, la stand up comedy o la parodia audiovisual. Solamente depende de la inventiva de cada cual adaptar el videotutorial a sus necesidades expresivas para llevarlo más allá de sus límites.

➤ **Recomendación:** dos peligros a evitar son tanto hacerse el listo como hacer el tonto. Un videotutorial no es para que se vea lo sabihondo que eres sino para entretener a tus espectadores. Y la gracia que puedaetener será un valor añadido fruto de tu capacidad de comunicación, pero nunca de hacer bromas tontas con el tutorial como excusa.

Moda y belleza

Muchos de los objetivos buscados con los videotutoriales pueden conseguirse con vídeos de belleza y moda que tengan esa intención instructiva. Permiten compartir los propios conocimientos, expresarse de manera eficaz, darse a conocer como experto o experta en la materia y llegar a un amplio público. Los blogs de moda, con comentarios escritos y filmados de ropa, novedades y desfiles se han colocado en primera línea de la comunicación del sector, pero las vloggers de YouTube no les andan a la zaga.

Es el caso de **Yuya**, famosísima en Latinoamérica y todos los países donde hay hispanohablantes, una joven que ha conseguido un estilo propio en el arte de divulgar consejos de belleza y moda. Mas alla de la especialidad, se ha hecho tan famosa que supera en seguidores de sus vídeos a los que tiene **Lady Gaga**. La encontraréis en su canal **lady-16makeup** y allí veréis que la capacidad de expresión personal combinada con saber de lo que uno habla es una mezcla explosiva.

Muy conocida sobre todo en Latinoamérica, Yuya ofrece consejos de moda y belleza a jóvenes adolescentes.

> ➤ **Recomendación:** vale la pena aprender de Yuya aunque seas un chico y quieras hacer videotutoriales de cualquier otra especialidad. La seguridad de esta muchacha, su rapidez de reflejos y su conocimiento del tema que domina son un ejemplo a imitar para aplicarlos en otros campos.

Experiencias y opiniones

Hay genios que les pones una cámara delante y con sólo abrir la boca ya te enganchan a lo que cuentan. A las personas normales nos cuesta un poco más pero a todos nos gusta meter baza sobre lo divino y lo humano. El vídeo de opinión tiene mucho campo que correr en la Red, sobre todo si va salpicado de humor o por lo menos de ironía o sarcasmo. Este es otro punto de partida posible para los que empiezan. Para ello, vale la pena ver lo que hace **Germán Garmendia** en su canal **Hola, soy Germán**. Mezcla los monólogos humorísticos con el comentario de actualidad, y monta tan cuidadosamente sus vídeos, con muchos efectos de postproducción, que cada uno de ellos es una lección completa de cómo escapar de la vulgaridad en este género.

También hay vloggers que, al lado de la opinión, cuentan sus experiencias, o mejor incluso, las filman. Véanse los vídeos de viajes de Luzu en su canal luzuvlogs y se comprobará que más allá del documental y el reportaje en el sentido estricto de estos géneros es posible hacer crónicas creativas y divertidas de lo que has vivido.

Luzu es un popular videoblogger que recrea situaciones divertidas de sus experiencias cotidianas.

No todas las experiencias que uno quiere o puede contar han sido grabadas previamente en vídeo, por supuesto. Por eso es necesario que los vloggers incipientes se mentalicen de acuerdo con los consejos que les ofrezco en el próximo capítulo de este libro; la puesta a punto de un narrador audiovisual es un trabajo que lleva cierto tiempo y preparación.

> ➤ **Recomendación:** cuando busques tema, piensa que no hay historia pequeña u opinión irrelevante. No es tanto la experiencia que relatas sino cómo la cuentas; no es que tengas una opinión original sobre un tema sino tu manera personal de presentarla. Eso sí, hay que tomarse tiempo para aprender a identificar y encontrar historias que contar.

Covers y parodias

Las covers son una de las maneras más directas que tienen los músicos que empiezan para darse a conocer en YouTube. Una cover (de *cover version*) es una nueva interpretación de una canción ya grabada o interpretada. Hacer un cover, una versión de una canción ya conocida, es un buen modo que tienen los cantantes y músicos de demostrar su talento incipiente. Y también es una manera de ir a rebufo de la fama que la canción ya ha conseguido: si haces un cover te beneficiarás de la popularidad de la canción original.

Un caso destacado del uso de los covers para saltar a la fama es el de **Xuso Jones**, nombre artístico de **Jesús Segovia**, un joven que creó un canal en YouTube para dar a conocer sus canciones, pero también empezó a difundir covers de artistas como **Alejandro Sanz**, **Justin Bieber** o **Alicia Keys**. Hasta que se le ocurrió crear el vídeo *Cantando el pedido en McAuto*. Se trata de un cover de la canción *Beautiful girls*, de **Sean Kingston**, con una nueva letra en la que se describían las hamburguesas y raciones que él y sus amigos tenían como preferidas cuando iban a comer al McDonalds. Se acercaron a un McAuto y cantaron el pedido en forma de canción: los empleados aún alucinan, y las visualizaciones en YouTube superaron las 100.000 en 12 horas. También son referentes en español **Juan Magán** y **Sak Noel**.

Con el fenómeno youtuber, los covers han pasado de ser imitaciones más o menos afortunadas a convertirse en todo un movimiento artístico, el movimiento cover. Algunos de sus miembros se han convertido en verdaderas estrellas mediáticas en tanto que referentes del cover. Por ejemplo: **Sara Niemietz**, **Max Schneider**, **Tiffany Award**, **Chester See**, **Sam Tsui** y **Kurt Huge Schneider**.

Las parodias pueden llevarse, en la práctica, hasta consecuencias que van más allá de lo que entendemos estrictamente como tales. El caso de **Adelita Power** es muy ilustrativo: sus parodias son en realidad shows completos audiovisuales producidos y realizados con tanta imaginación como minuciosidad, en los que el maquillaje y la caracterización son fundamentales. Si analizamos sus vídeos recibiremos una completa lección de cómo aprovechar nuestro vestuario corriente para transformarlo en elementos de fantasía al mismo tiempo que improvisamos vestidos fantásticos con elementos cotidianos. Como puede suceder en el caso de ciertos videotutoriales, la parodia puede convertirse en una práctica humorística que se adentre en formas de expresión dramática audiovisual que van mucho más allá del género paródico.

Los vídeos de Adelita Power destacan por su poder de caracterización y por sus excéntricos vestuarios adaptados.

> ➤ **Recomendación:** no siempre uno tiene la ocurrencia genial de inventarse una versión de un cover como el del McAuto pero si el cantante es bueno puede conseguir que el cover tenga su propia originalidad a partir de la calidad de la interpretación y la gracia del intérprete. Pero hay que prestar atención a algo fundamental: un cover siempre hará que se lo compare con la versión original, para bien... y para mal. Hay que cuidar muy bien, pues, la calidad de la versión.

Xuso Jones en *Cantando el pedido en McAuto*

Comedia y monólogos

Programas de televisión como El club de la comedia han popularizado entre los telespectadores de habla hispana el género conocido en Estados Unidos como *stand up comedy*, entre nosotros, monólogos. Quizás ahora mismo el monólogo haya pasado un poco de moda por lo que respecta a la televisión pero YouTube lo está relanzando. Ahí está el chileno **Germán Garmendia**, de 23 años, que se ha convertido en toda una estrella en internet gracias a los monólogos que cada semana sube a YouTube. Su canal Hola, soy Germán cuenta con cerca de diez millones de suscriptores, y además, dos millones de personas le siguen en Twitter, y su página en Facebook tiene cinco millones de «me gusta».

Germán no se complica la vida: un humor simple y directo basado en lo cotidiano con el que el público puede sentirse identificado fácilmente. En sus vídeos trata temas que a todo el mundo le resultan familiares, como las exnovias, los amigos, la escuela, las fobias o las adicciones. Ello hace que los candidatos a monologuistas se animen a imitarle, pues con él han descubierto que no es necesario disponer de un teatro o de una sala de fiestas llenos de público para exhibir sus dotes de comediantes, basta con ponerse ante una cámara de vídeo.

Los monólogos de Germán ofrecen un humor fresco, sencillo y muy directo.

Muchos de los monologuistas espontáneos en YouTube son autores de los textos que interpretan, pero no es necesario que sea así. De hecho, la pareja autor e intérprete de monólogos puede ser un equipo que funcione muy bien en YouTube; de hecho, que uno sea capaz de decir con gracia un texto de comedia no significa que sea igualmente de gracioso al escribirlo y prepararlo. Es bueno pues hacerse con un socio de confianza; eso sí, al interpretar ante la cámara uno puede echarle toda la gracia personal, improvisación incluida, que haga falta.

Pero las piezas breves de comedia en monólogo o diálogo pueden realizarse de modo más complejo que el que se emplea en el teatro o en la adaptación televisiva de los estilos teatrales al uso. Hay que ver lo que hace **Andrea Compton** en Vine (una plataforma de vlogs ligeros) para comprobar que con unos textos dialogados bien elaborados y una realización adecuada se puede uno alejar de la estética propia de los escenarios para acercarse a las webseries o piezas de ficción realizadas con diseños de producción ligeros. Esto es algo sobre lo que los youtubers deben reflexionar detenidamente para no quedarse atrás y aprovechar las oportunidades que ofrece el vídeo para desmarcarse de lo ya visto en la tele y sacar partido de la producción ligera y asequible a cualquier bolsillo.

> ➤ **Recomendación:** hacer monólogos ante una cámara es fácil, pero al grabarlos de este modo no hay ambiente que le anime a uno ni le empuje a ponerse en situación; la soledad del monologuista sin público puede ser terrible. Por eso hay que ensayar mucho antes de dar por bueno un vídeo. Lo mejor es invitar a algunos amigos a que estén presentes en la grabación, no hace falta que sean muchos. También para que nos digan qué tal queda la cosa y nos ayuden a pulir defectos y abrillantar cualidades.

Webseries

Internet no sólo ha revolucionado la difusión de contenidos comunicacionales sino los propios géneros y formatos de estos. Ni siquiera han escapado a ello las series de televisión; la propia Red se ha convertido en soporte de un nuevo modelo de series audiovisuales de ficción que deja de lado la emisión televisiva por ondas hertzianas para operar exclusivamente en los públicos interneteros. Con ello ha puesto al alcance de todos algo que hasta el momento estaba reservado a las poderosas productoras. Ahora, un equipo creativo con capacidad de producción propia puede convertirse en un generador de contenidos audiovisuales de ficción en forma de serie y hallar en la Red escenario y público.

El ejemplo del recorrido que puede tener el emprendimiento de una webserie es *Malviviendo*, cuyo primer capítulo fue rodado por un grupo de amigos con sólo 40 euros de presupuesto. Lo subieron a YouTube y lo anunciaron con su Messenger. El capítulo comenzó a generar cientos de visionados y con ello una audiencia propia, que les animó a continuar. El éxito en la Red hizo que la cadena televisiva andaluza Canal Sur se interesase por ellos y trasladara la producción a la antena.

Los ingredientes de *Malviviendo* suelen ser los de las webseries españolas: poco dinero, mucha calidad, público específico e innovación en los contenidos. Y lo más importante: un grupo de estudiantes de audiovisual que buscan la manera de salir adelante dejando de lado la precariedad de empleo (o su ausencia) que ofrecen las empresas.

Los protagonistas de Malviviendo traspasaron su fama en la Red a un canal autonómico de televisión.

Otras series que conviene conocer para situarse: *Cálico electrónico, La loca de mierda, Isla presidencial, Ruta 66, Web Therapy, Video Game High School.*

> ➤ **Recomendación:** hacer una webserie son palabras mayores. Aquí los creadores deben tener conocimientos de guión, producción y postproducción. Generalmente las suelen hacer estudiantes de audiovisual que aún no han terminado la carrera o acaban de hacerlo. Pero un joven inquieto que no haga estos estudios pero valga para ello puede hacerse un hueco entre los amigos que se dediquen a la ficción y aprender con ellos. También, por supuesto, es posible que un grupo de amigos bien avenido, compacto y con ganas de aprender emprenda la iniciativa de hacer una webserie y al mismo tiempo que la realizan, aprenden los requisitos y trucos del oficio.

Nuevos talentos

La televisión ha sido hasta ahora la plataforma que ha lanzado a la fama a nuevos talentos que estaban por descubrir, como **David Bisbal** en *Operación Triunfo*, o bien **Susan Boyle** en *Britain's got talent*. Pero ahora esta palestra se ha desplazado a YouTube, que es un espacio muy amplio en el que cabe todo o casi todo, y por tanto cualquier habilidad o mérito que uno pueda tener. La ventaja de los vídeos en la Red es que no es necesario ir a medirse con otros concursantes o enfrentarse al criterio de un jurado; una puede adaptar su salida en público a sus características y posibilidades. En realidad, los auténticos youtubers pasan mucho de la tele, pues la consideran algo antiguo y sobrepasado.

A ti te toca decidir cual de tus talentos vas a mostrar al público, pero puedes inspirarte en los casos de **Jenna Marbles**, **Ray William Johnson**, **Werevertumorrow** o **YellowMellow**, por ejemplo, y de tantos otros que descubrirás a partir de conocer estos nombres. Piensa que un talento no es solamente un show de una sola persona ante la cámara sino también alguien capaz de escribir un buen guión, realizar una webserie o colaborar en cualquier trabajo de equipo en el campo del vídeo. Pero grabar vídeos con una habilidad individual propia puede servir para quitarse los complejos de encima y dar rienda suelta a la vena creativa que llevas dentro.

YellowMellow ha sabido conectar con un público adolescente con sus consejos y recomendaciones. Y lo ha hecho a través de sus vídeos y de un libro del que ha vendido miles de ejemplares.

> ➤ **Recomendación:** no te cortes ni te tengas en poco a la hora de pensar qué talento tuyo quieres dar a conocer. Los vídeos en la Red te dejan un amplio margen para equivocarte mientras buscas lo que es tu verdadera valía. Ya tendrás tiempo de ajustar el tiro, en principio experimenta y no hagas caso de los cenizos que te quieren echar para atrás.

Gameplays

Videojuegos y vídeos en YouTube: están hechos el uno para el otro. Los *gamers* (antes llamados jugones) han hallado en la Red el mejor espacio para difundir y compartir sus videojuegos favoritos, de modo que en YouTube hay una proliferación de canales *gameplay* en los que se propone todo tipo de juegos. Es ideal para estar al corriente de las novedades, sacar partido de los juegos que uno tiene o usa al ver lo que hacen otros jugadores aventajados y para darse a conocer en la comunidad gamer con nuestra propia imagen y personalidad.

Un ejemplo de cómo plantear un vídeo de gameplay con calidad es el canal de **Sr. Chincheto 77**, uno de los pioneros del género en el mundo de habla hispana, que con su conocimiento del género, sus habilidades y el modo como saca partido de los vídeos, reuniendo comunidad en torno a ellos mediante Twitter, se ha situado entre los *gamers* más famosos de YouTube.

Minecraft es un famoso videojuego que ha generado multitud de entusiastas seguidores que en la Red ofrecen consejos y trucos sobre él.

En el caso de **Tonacho**, especializado en *Minecraft*, o también **Coolife** y **Sarinha**, podemos comprobar cómo uno puede destacar como *gamer* sin complicarse la vida en la pantalla, mediante la inmersión total en la dinámica del juego sin cualquier otro aditamento.

En este último caso, *gamers* como **Alexelcapo** nos muestran que es conveniente disponer de una página web propia de apoyo al canal de YouTube para publicar en ella información suficiente sobre juegos, novedades, desarrollos, reglas y aspectos técnicos de los juegos que puedan ser útiles a sus seguidores y de este modo fidelizar audiencia por medio de la captación de suscriptores que se vean atraídos por este valor añadido.

El papel del *gamer* dentro de la comunidad youtuber puede adquirir un relieve muy destacado, que va más allá de la figura del compañero de juegos. **Willyrex**, de nombre civil Guillermo Díaz, es un *gamer* que se ha hecho famoso por ofrecer trucos y soluciones para superar obstáculos en los juegos, y ello le ha llevado a la profesionalización: gana un mínimo de 113.600 Euros al año gracias a sus más de 255 millones de reproducciones. Puede parecer exagerado pero no tanto si tenemos en cuenta que la industria de los videojuegos mueve ahora mismo un volumen de negocio mayor que el que representa el cine de Hollywood. Los videojuegos permanecieron recluidos en las videoconsolas, sólo para los ojos de sus jugadores, pero ha sido precisamente internet lo que ha creado una comunidad mundial de videojugadores, contradiciendo así la superstición social de que los videojuegos aíslan a la gente y por lo tanto son perjudiciales para los adolescentes. Los videojuegos difundidos por los youtubers son un elemento de dinamización de ese nuevo entorno social que va más allá del mero entretenimiento o negocio, es una demostración de la dimensión social de YouTube y su capacidad de conectar a las personas en torno a intereses comunes.

➤ **Recomendación:** muchas de tus cualidades y talentos pueden proyectarse en YouTube mediante los gameplays: tu manera de presentar y comentar los juegos, el uso del humor, la capacidad de conectar con otros jugadores y con el público... Aquellos que no se sienten capaces de hacer parodias, covers o monólogos pueden encontrar aquí un medio insospechado de expresión personal.

Recetas de cocina

No sólo de **Arguiñano** vive el hombre. **Karlos** y **Eva** demostraron que la cocina en el audiovisual podía ser algo más que consejos prácticos en torno a una receta para ser todo un espectáculo. El humor del cocinero vasco y la simpatía de su hermana son singulares, pero ha sido en YouTube donde se ha extendido un gran número de jóvenes aficionados al arte culinario que no les andan a la zaga en cuanto a su capacidad de divulgación divertida.

En el caso de los vídeos de cocina, no sólo tienen su plataforma en YouTube sino en los blogs. Para un loco de la gastronomía tener un blog de cocina, con recetas escritas y vídeos, es una distinción incomparable. Conviene pues combinar ambos recursos: un vlog con vídeos y documentación con texto y fotos y un canal en YouTube que incluya los vídeos publicados en el blog.

Está claro que quienes deseen hacer vídeos de cocina son personas interesadas y quizás algo expertas en el arte de cocinar. Hay que tener en cuenta que, en el caso de este género, no basta con ser un cocinero aceptable sino que hay que saber explicar con claridad y exactitud el modo de llevar a cabo una receta. En el vídeo debe verse con claridad el proceso de elaboración del plato, con lo que es necesario planificar previamente las etapas que el vídeo va a mostrar. También hay que ser exacto en los ingredientes, las cantidades, el tiempo de cocción y todos los truquillos propios de la receta. Nada debe ser dejado al azar ni explicado a medias.

Visitar en YouTube el canal **cocinajaponesa** para ver cómo es posible hacer vídeos de recetas absolutamente exactos, sencillos y claros.

> ➤ **Recomendación:** hacer vídeos de cocina con gracia no es hacer como Arguiñano (aunque si eres tan simpático como él o más, mejor). El secreto de un buen vídeo de cocina es, además de la claridad y la precisión en la explicación, la gracia de contar una historia en el vídeo: la historia de cómo se va haciendo el plato Y añadir detalles de trasfondo, por qué propones este plato en este momento, cómo aprendiste a hacerlo, cuando recomiendas prepararlo, etc.

Karlos Arguiñano, el popular cocinero vasco, supo llegar a millones de espectadores gracias a su simpatía y sus dotes de comunicación.

Clips y lyrics videos

Ha habido un antes y un después del videoclip de *Thriller*, de **Michael Jackson**. Aquello fue una obra maestra que hizo que el videoclip entrase con pleno derecho en las artes visuales. Hoy día no se entiende el lanzamiento de una canción sin su correspondiente clip, y aunque el éxito de cadenas especializadas como MTV ha disminuido, cada día aparecen montones de nuevos clips.

No es fácil hacer un buen videoclip. Lo cierto es que los mejores de ellos están realizados por profesionales que a la vez son directores de largometrajes de ficción, en su mayoría exitosos. Pero también lo es que son los clips el mejor campo de experimentación que tienen los cineastas. Un clip musical es una historia breve, tan corta como la canción que lo soporta, y en ese exiguo espacio de tiempo es donde debe demostrar su capacidad el narrador audiovisual.

Vale la pena atreverse a hacer un videoclip si uno es aficionado a la música, así el clipero novel verá lo que cuesta un peine y se fogueará en el arte del montaje de imágenes, para empezar. Difundir un clip en YouTube es una excelente tarjeta de presentación de un youtuber, e incluso es posible, para ir entrenándose, hacer en su lugar un *lyrics video*, que es un vídeo musical en el que está sobreimpresa la letra de la canción. Los *lyrics videos* son muy apreciados para poder aprenderse los temas, especialmente en inglés, y equivalen por tanto a un vídeo tutorial musical.

Por supuesto, un discjockey experimentado o que empieza tiene en los videoclips de YouTube un campo para darse a conocer, pues tiene ante sí dos posibilidades: convertir en vídeos sus producciones musicales o ir directamente a la creación de clips. Un ejemplo de alguien que hace muy bien las dos cosas es **Sak Noel**, que se hizo famoso con su tema *Loca people*.

> ➤ **Recomendación:** Si eres discjockey, piensa cómo te reconvertirás para funcionar en el medio vídeo. Si piensas en imágenes y te apetece realizar tus propios clips, piensa cómo producirás y grabarás tus propias imágenes que vayan a animar las canciones.

Informativos

Si eres periodista, llevas un periodista dentro de ti o estudias periodismo, tienes en tus manos, tienes en los vídeos de YouTube un inmenso campo profesional a recorrer. Si te atreves a hacer vídeos informativos, te distinguirás entre los demás colaboradores de la Red y aparecerás como alguien capaz de contar lo que pasa y explicar la realidad. Puedes optar entre diversos formatos:

▶ Clips informativos breves, con varias noticias, relacionadas entre sí por temas, localización geográfica o periodicidad. Es decir, puedes hacer un pequeño telediario local, un informativo de ecología, temas juveniles, cultura o música, diario, semanal o tres veces por semana, por ejemplo. De entre 3 y 5 minutos de duración.

▶ Reportajes de actualidad o temáticos. Temas que conozcas o que te apetezca conocer. De entre 5 y 8 minutos de duración.

▶ Entrevistas con personajes de interés. Aquí tendrás que aprovechar el tiempo, no más de 8 minutos. Sin enrollarse, yendo al grano y con la habilidad de hacer que el propio personaje explique quién es y qué hace.

El periodismo audiovisual no es fácil. No trates de ser, pues, original sino eficaz: capaz de contar lo que pasa con imágenes y palabra, hacer narraciones audiovisuales cortísimas que pongan al espectador en situación de lo que le estás contando.

> **Recomendación:** no imites a la televisión, líbrate de sus condicionamientos de forma y de fondo, pues todos ellos están ya obsoletos. No reproduzcas telediarios en pequeño, piensa otros modos de narrar y localizar las noticias. No hagas documentales trascendentales y solemnes, muéstranos las realidades que conoces bien.

Documentales

En el punto anterior hemos hablado del documental como pieza informativa. Pero es mucho más amplio, constituye un género audiovisual y cinematográfico de por sí. El documental permite al creador alcanzar niveles de excelencia. Pero aquí no vale improvisar ni funciona ser gracioso, hay que prepararse bien. Debes visionar muchos documentales de calidad, que se encuentran en la Red, tienes que ponerte al corriente de los festivales que se celebran y si es posible, asistir a uno de ellos en vivo para ver y oír cómo los autores explican el modo que los realizaron.

Si te atrae el documental es que dentro de ti hay un cineasta. Considera pues YouTube como un campo de experimentación y tómate esta labor como una parte de tu aprendizaje cinematográfico, que deberás llevar a cabo por medios más completos.

> ➤ **Recomendación:** si vas a empezar a hacer documentales, es bueno que empieces a volar con dos alas. Una, el aprendizaje riguroso del género; otra, la innovación. En este sentido, plantéate nuevas posibilidades como el documental interactivo[3].

Fashion films

Uno de los campos que permiten más creatividad en los vídeos de YouTube son los *fashion films*, vídeos de moda a los que recurren los grandes diseñadores y creadores de esta especialidad para promocionarse. Es el mundo de la sofisticación, la fascinación de las formas, la originalidad y a menudo el lujo. Tal como lo fueron los clips musicales, los *fashion films* son ahora una plataforma de lanzamiento de nuevos cineastas y realizadores audiovisuales que empiezan, por lo que si estás pensando en profesionalizarte, este es un campo en el que vale la pena practicar.

3. *El documental interactivo. Evolución, caracterización y perspectivas de desarrollo.* Arnau Gifreu Castells, UOC Press. Barcelona 2013. Buscar además en internet las experiencias en documental interactivo llevadas a cabo por Lidia Peralta, periodista y directora cinematográfica especializada en este género.

Seguramente no tendrás acceso a los medios y materiales de las grandes firmas de moda, pero seguro que tienes amigas y amigos que saben cómo improvisar y reciclar ropa, hacer maravillas con recursos escasos o incluso cómo vestir, presentar, decorar y elaborar escaparates o vitrinas. Busca tus aliados entre estos jóvenes creativos de tu entorno y pensad juntos cómo hacer breves piezas audiovisuales que transformen las calabazas en carrozas.

Inspírate viendo los mejores *fashion films* que hay ahora mismo en YouTube. Busca:

▶ T by Alexander Wang, Undisclosed Event

▶ Alexander McQueen, *The Bridegroom Stripped Bare*

▶ Gucci, *Flora*

▶ Prada Presents *Castello Cavalcanti*

▶ CK One

▶ Yves Saint Laurent, *Ain't Nothing Like The Real Thing*

▶ Matthew Frost, *Fashion Film*

▶ Proenza Schouler, *Snowballs*

▶ Prada, *A Therapy*

▶ Kenzo Menswear x DIS, *Watermarked*

➤ **Recomendación:** un *fashion film* no es, o no tiene por qué ser, un desfile de modelos o presentación de ropa. El género permite dar rienda suelta a todo tipo de fantasías, y por tanto, nada mejor que la ficción para englobarlas. Trata, pues, de construir breves historias que estructuren el vídeo y que sirvan de motivo para que todo luzca mejor. De este modo podrás contrapesar con el atractivo de la idea de ficción las carencias que haya en los materiales presentados.

Vídeo cv

Adiós al currículum escrito que nadie lee, bienvenido el vídeocurrículum que por lo menos llamará la atención del posible empleador. Una de las mejores maneras de empezar con los vídeos de YouTube es empezar a presentarte tú mismo. Plantéate pues colgar en la red tu propio vídeo cv, un breve currículum audiovisual en el que te presentarás, mostrarás tus capacidades y tratarás de convencer al público de que eres la persona que necesitan. Aunque no te propongas conseguir trabajo con ello será un buen ejercicio para soltarte ante la cámara, aprender a resumir y saber seleccionar lo relevante de entre todo lo interesante. Ser capaz de separar el grano y la paja de las cosas que le conciernen a uno es difícil, de modo que si lo logras en este caso ya tendrás mucho camino recorrido para cuando acometas otros temas.

Disponer de un vídeo cv en YouTube es un recurso muy útil para utilizarlo como tarjeta de presentación en diversas ocasiones: añadirlo a la biografía en tu blog o incluir el enlace en la firma de tus emails.

> ➤ **Recomendación:** si no eres un humorista no hagas un vídeo cv gracioso. Sé natural, sincero y no finjas ni enfatices. ¿Qué cómo se hace eso de ser natural? Habla de lo que sabes y no digas ni más ni menos que lo que sabes de verdad; habla de lo que te apasiona y no trates de caer bien.

Deportes extremos

Si practicas el *puenting*, el barranquismo o la escalada, tienes mucho que mostrar al público youtubero. A condición de que sepas comunicar lo más interesante de tus deportes y no sólo lo más espectacular. Pero si no te dedicas a estas actividades, los vídeos de deportes de aventura son un buen campo de experimentación: busca a los amigos que los practiquen y conviértete en su reportero. Aprenderás a narrar historias con mucho movimiento, en las que hay poca palabra y mucha acción. Esto es ideal para aprender a narrar con imágenes. El éxito lo tendrás asegurado gracias a la espectacularidad del tema, de modo que tendrás que concentrarte en hacer algo más que vídeos de piruetas: lo fundamental es que cuentes una historia que, al final, deje al espectador pensando que ha visto algo nuevo y ha aprendido algo que no sabía.

➤ **Recomendación:** en la realización de este tipo de vídeos es fundamental la seguridad de los que practican el deporte y la de los que lo filman. Tu plan de producción debe asegurar que se garantice la seguridad de todo el equipo; designa a un compañero que se encargue de ello, elabore un plan con unas medidas concretas y las garantice durante el rodaje. Y no induzcas a los deportistas a hacer algo que vaya más allá del riesgo que asuman conscientemente de manera habitual; tu vídeo no será mejor por ser más peligroso sino porque tú seas un buen narrador en imágenes.

Vídeos educativos

Una de las mejores formas de narrar es enseñar a quien desea aprender. Una de las mejores cosas de internet es que es un enorme repositorio de aprendizajes de lo más variado. Más allá de la Wikipedia hay multitud de tutoriales, piezas divulgativas, manuales, etc., elementos que nos permiten acceder en todo momento al conocimiento. Si eres un divulgador vocacional, si te apasiona un tema que conoces o incluso dominas, hacer vídeos de ello te puede dar una presencia muy relevante en tus entornos personales donde estos temas se valoran. Pero incluso cuando desconoces un asunto, hacer un vídeo sobre ello te permitirá aprenderlo: no hay mejor manera de aprender o conocer lo que se desconoce que atreverse a explicarlo. Parece una paradoja pero no lo es: al escribir o filmar sobre un asunto te lo explicas a ti mismo y te vas adentrando en el camino de su descubrimiento.

De modo que no hace falta que seas un experto para hacer vídeos educativos, basta con la curiosidad.

Eso sí, un buen vídeo educativo debe ser algo más que un tutorial. Debe combinar diversas formas de narrar lo que quieres divulgar: tú mismo como presentador, hablando a cámara; elementos de reportaje; imágenes técnicas o documentales… Tienes muchos géneros y recursos que usar, de modo que al planificar la producción de un vídeo educativo tendrás que pensar que la diversidad de ellos será un elemento que fortalecerá esta pieza.

> ➤ **Recomendación:** hay cada vez más campo profesional en los vídeos educativos, en la educación a distancia, los cursos MOOC, todos los elementos que utilizan las universidades abiertas, como la Uned o la UOC. Busca MOOC y entra en las webs de las universidades a distancia americanas que ofrecen cursos gratis. Reflexiona sobre si, cuando hayas hecho algunos buenos vídeos educativos, podrías ofrecerte como profesional en la materia.

El camino del éxito, visto por un youtuber famoso

Después de haber visto unas cuantas muestras de lo que hacen los youtubers que hemos presentado aquí (basta con poner su nombre en el buscador de YouTube para que aparezcan sus canales) a uno se le hace la boca agua pensando que tiene abierto ante sí el camino del éxito. «Pero el éxito no es ganar dinero», dice **Luzu**, uno de los youtubers españoles más famosos. Su vídeo titulado *El camino del éxito* fue, y precisamente con este título, uno de sus grandes impactos en la red. En él, Luzu, que estudió comunicación audiovisual en la universidad y trabajó en la industria para luego independizarse y vivir de YouTube, hace unas consideraciones muy sensatas sobre la relación que existen entre talento, esfuerzo, vocación, determinación y capacidad de convertir en realidad las propias ideas.

Luzu es el ejemplo a seguir por muchos jóvenes que ponen el esfuerzo necesario para hacer realidad sus propias ideas.

Quizás porque muchos jóvenes estaban esperando que alguien les hablase claro sobre estas cuestiones de importancia vital, el vídeo de Luzu fue difundido por muchas redes sociales con un alto nivel de viralidad. Pero quizás también porque se echa en falta que profesores y educadores sean capaces de poner en claro ante la gente joven la verdad sobre las posibilidades de realización personal en el campo de la profesionalidad, la necesidad de atender y llevar a cabo la propia vocación y la combinación entre mentalidad realista y espíritu visionario necesaria para conseguir lo anterior.

La voz de Luzu, sensata y aventurera a la vez, motivadora de entusiasmo y de reflexión al mismo tiempo, merece ser escuchada en unas sociedades como los países de habla hispana, en los que queda mucho camino a recorrer en el campo del empoderamiento de los jóvenes y en el del desarrollo de una educación emancipadora orientada hacia la realidad social y la que está por venir.

El camino del éxito:

https://www.youtube.com/watch?v=CfEOwQnd-OM

Youtubers generalistas, ejemplos en los que inspirarse

Dejando de lado las categorizaciones en géneros y especialidades que hemos descrito, hay que tener en cuenta que existen youtubers generalistas, que no se ciñen a una especialización sino que se erigen en comunicadores integrales. Entre ellos está Luzu, de quien ya hemos hablado, pero también otros nombres que es necesario examinar para ver el alcance de las posibilidades expresivas que ofrece el medio y la manera en que algunos jóvenes son capaces de posicionarse en el mundo youtuber destacando sus personalidades individuales.

Uno de ellos es **JPelirrojo**, uno de los vloggers españoles con más suscriptores. Es un artista integral, capaz de expresarse mediante el humor, la magia, la poesía, la interpretación o la canción. Además de su canal (**jpelirrojo**) tiene un vlog diario (**voyaporello**), un canal de juegos (**jpeligames**) y un canal de música (**jpelirrojomusic**). No solamente es un virtuoso capaz de conectar en múltiples dimensiones sino un cuidadoso editor de sus vídeos y un sólido argumentador. Ha sido cantante en el metro pero al mismo tiempo se ha convertido en un videocreador que se ha convertido en todo un referente para la generación youtuber. Puede decirse que a estas alturas dispone de una obra original, muy representativa de las múltiples dimensiones y alcance del fenómeno youtuber. Pero sobre todo es un tipo dotado de valores sólidos, de una gran perseverancia y una capacidad de trabajo fuera de lo común.

Loulogio es un humorista, un vlogger desenvuelto que se hizo famoso con su *Batamanta*, un tipo de carácter desenfadado que se distingue por su lenguaje a menudo lleno de palabrotas y referencias sexuales, de aspecto desaliñado que esconde un *showman* enormemente dotado. El mérito de Loulogio es haber convertido el estilo coloquial y humorístico que caracteriza a muchos jóvenes de su edad en un modo de expresión sólido, bien trabajado y exigente en cuanto a sus aspectos más profesionales. Sus vídeos pueden parecer, a primera vista, pequeños desastres descontrolados, pero su creatividad combina su espontaneidad natural con una elaboración muy pensada y trabajada.

Tanto Jpelirrojo como Loulogio, al igual que Luzu, Elrubius o YellowMellow son exponentes de una generación de jóvenes bien formada que han tenido la habilidad de convertir sus capacidades personales en productos elaborados capaces de mantener la atención de su público día a día, semana tras semana. Uno puede conseguir un éxito singular o lograr, por un golpe de suerte, popularidad con un vídeo. Pero llegar a la cima del mundo youtuber y mantenerse en ella, sabiendo renovar su estilo al mismo tiempo que se proyecta una personalidad permanente, no es una tarea fácil. Ni una labor que se pueda llevar a cabo sin una gran capacidad de trabajo y una preparación continuada.

JPelirrojo es uno de los videobloggers más activos en la Red: dispone de un vlog diario, de un canal de juegos y de un canal de música.

Para saber más

Los canales de YouTube más populares en España

elrubiusOMG	comedia y gameplays
vegetta777	gameplays
thewillyrex	gameplays
willyrex	gameplays
mangelrogel	comedia y gameplays
fcbarcelona	fútbol
xalexby11	gameplays
realmadridcf	fútbol
bystaxx	gameplays
blancoynegro	discográfica, videoclips
pocoyotv	entretenimiento infantil
antena3	televisión
warnermusicspain	discográfica, videoclips
valemusic	discográfica, videoclips
rostermusic	discográfica, videoclips

Listas y clasificaciones de los youtubers con más seguidores

SOCIALBLADE

Es una plataforma que busca poner en contacto a youtubers de todo el mundo, generar conversaciones entre ellos y propiciar intercambios de experiencias. Contiene un apartado con clasificaciones y listas de popularidad e influencia, generales y por países.

https://socialblade.com/youtube/top/100

WIKIPEDIA

Los canales de YouTube con más suscriptores, según Wikipedia.

https://en.wikipedia.org/wiki/List_of_the_most_subscribed_
users_on_YouTube

PewDiePie	38 million
HolaSoyGerman	23 million
YoutubeSpotlight	22 million
Smosh	20 million
RihannaVEVO	17 million
KatyPerryVEVO	16 million
OneDirectionVEVO	16 million
EminemVEVO	15 million
JennaMarbles	15 million
TaylorSwiftVEVO	15 million

LA LISTA DE 20 MINUTOS

El diario digital 20minutos.es ha creado una lista con los youtubers españoles más populares. Fichas y muestras de sus vídeos.

http://listas.20minutos.es/lista/ranking-de-los-mejores-youtubers-en-espanol-2015-395185/

1. ElRubiusOMG
https://www.youtube.com/user/elrubiusOMG
2. AuronPlay
https://www.youtube.com/user/AuronPlay
3. Wismichu
https://www.youtube.com/user/wismichu
4. mangelrogel
https://www.youtube.com/user/mangelrogel
5. Willyrex
https://www.youtube.com/user/Willyrex
6. YellowMellow

https://www.youtube.com/user/YellowMellowMG

7. Mister Jägger

https://www.youtube.com/user/themisterjagger

8. Jpelirrojo

https://www.youtube.com/user/jpelirrojo

9. ElvisaYomastercard

https://www.youtube.com/user/ElvisaYomastercard

10. Loulogio

https://www.youtube.com/user/loulogio

VSP GROUP

Los 100 canales de YouTube más populares según esta empresa de clasificaciones y vínculos. Es posible obtener clasificaciones por vistas, ranking, suscriptores, idiomas y países.

Es imprescindible que sepas

Cómo pasar de ser un simple espectador a pensar como un realizador

Después de haber leído este capítulo, ponte manos a la obra para explorar YouTube con método, en busca de lo que mejor te puede inspirar para ver por qué tipo de vídeos te inclinas, qué cosas son las que te sugieren algo que tú podrías hacer.

☐ Busca en YouTube los vídeos que te hemos ido describiendo, por los nombres de sus autores.

☐ Colecciona los enlaces mediante la utilidad de marcadores de tu navegador, o mejor, ábrete una cuenta en Delicious, inclúyelos allí y clasifícalos mediante etiquetas temáticas: www.delicious.com

☐ Busca y encuentra nuevos vídeos y autores no mencionados en este libro, a los que te llevarán los vídeos que ya hayas encontrado y visto. Amplía tu campo de referencias, compara lo que hacen unos y otros, selecciona lo que más te guste y lo que más te convenga.

❏ Cuando veas un vídeo que te interese, destrípalo y analízalo. Míralo con detenimiento una y otra vez, y anota en una hoja:

✓ Un esquema de guión o escaleta: la sucesión de imágenes y secuencias que componen el vídeo.

✓ Lo que te parece que es el tema o eje central en torno al que gira la realización del vídeo.

✓ Los elementos materiales y técnicos que ese vídeo ha requerido para su producción.

✓ Las fortalezas: lo mejor y más interesante.

✓ Las debilidades: lo peor y lo que ha resultado fallido.

✓ Lo que tú harías: cómo solucionarías los fallos y qué aportarías de original a ese vídeo a partir de tus conocimientos.

Así, paso a paso, dejarás de ser un mero espectador para adquirir un papel activo en el análisis audiovisual, con lo que empezarás a pensar como un productor y un realizador.

Empieza a practicar

Trabaja tu personalidad propia como youtuber

Una vez has llevado a cabo las tareas que te hemos propuesto en el anterior recuadro titulado «Cómo pasar de ser un simple espectador a pensar como un realizador» ya puedes dedicarte a... soñar. Todos los vídeos que has visionado, los personajes que has descubierto, sus respectivos modos de expresarse y de crear, seguro que te han suscitado que salgan a la superficie lo mejor de tus sueños. Es hora de que comiences a hacerlos realidad, ahora debes comenzar a perfilar tu propia personalidad como youtuber.

Piensa en la gente que has visto en los vídeos, piensa en los vídeos que has visto. Hazte las preguntas siguientes:

☐ ¿Lo que yo querría hacer se parece a algo de lo que he visto?

☐ ¿Lo que quiero hacer es algo que no se encuentra entre lo que he visto?

☐ Si es así, ¿por qué? ¿Es irrealizable o es que no se le ha ocurrido a nadie?

☐ De todo lo que he visto, ¿hay algo que yo podría hacer? ¿Podría hacerlo igual o mejor?

☐ Es posible que no me sienta capaz de hacer lo que yo querría hacer. Si es así, ¿por qué? ¿Porque no estoy preparado para hacerlo? Si es así, ¿qué necesito hacer y aprender para ser capaz de ello? ¿Qué esfuerzo y dedicación estoy dispuesto a hacer para lograrlo?

☐ Compara tu personalidad, tus habilidades, tus fortalezas, lo que sueles hacer y lo que haces mejor, con lo que hacen los youtubers que has visto. ¿Cómo te situarías en medio de ellos? ¿Cómo serías tú, tal como eres, siendo protagonista de tus vídeos?

☐ ¿Te sientes inferior en esta comparación? Si es así, ¿por qué? Si no es así, ¿por qué? Haz una lista de tus fortalezas y debilidades.

☐ ¿Cómo podrías aprovechar mejor tus fortalezas? ¿Cómo podrías transformar tus debilidades en fortalezas?

☐   ¿Cuánto tiempo vas a dedicar cada día a la tarea de convertirte en youtuber? ¿Qué aprendizajes vas a llevar a cabo y qué esfuerzo vas a dedicarles?

☐   ¿Quién eres tú cuando eres auténtico? ¿Qué es lo que tus amigos aprecian más de ti? ¿En qué momentos te sientes ligero, flotando en un fluir que demuestra quien eres cuando haces a gusto lo que mejor haces?

☐   ¿Por qué no eres así siempre?

3

PARA EMPEZAR, ABRE LOS OJOS

CÓMO UTILIZAR UNA CÁMARA

Aprender a mirar, aprender a ver y a saber encontrar lo que buscamos

> *Para poder mostrar el mundo en un vídeo es necesario descubrirlo primero con nuestros ojos. Y esa mirada se educa.*

Si preguntamos a cualquiera qué es lo más necesario para comenzar a trabajar con el medio audiovisual nos responderá que una cámara. Falso. Lo más necesario, importante y primordial es la mirada de la persona que la maneja. La cámara sola no hace nada; es una mera prótesis del ojo. Aprender a utilizar una cámara es aprender a emplear la propia vista. Las bases del funcionamiento técnico de una videocámara son muy sencillas. Lo relevante es que el ser humano que la maneja tenga interés en observar el mundo que le rodea, sepa ver lo que es relevante, sea capaz de encontrar lo que busca y tenga la habilidad de mostrarlo y narrarlo con imágenes.

Así pues, asumimos la regla número 1 del arte audiovisual: para poder mostrar con imágenes primero hay que aprender a mirar. Todo el mundo ve pero pocos son los que saben mirar. Menos aún identificar, de lo mirado y visto, lo que es relevante para mostrarlo a otras personas. De este aprendizaje cuelga todo tipo de actividad creativa, artística y reproductora relacionada con el trabajo con imágenes, desde la pintura hasta el cine pasando por la fotografía y el vídeo.

> *¿Por qué no sabemos, realmente, mirar? Porque los seres humanos no ven con los ojos sino con la mente. Lo que la mente quiere ver, los ojos se lo muestran. Y lo que no se quiere o se sabe ver, no se ve.*

Se dice que no hay peor sordo que el que no quiere oír y que no hay más ciego que el que no quiere ver. Pues la generalidad de los seres humanos vemos lo que queremos ver. Mejor dicho: lo que esperamos ver. Nos regimos por la rutina en todos los aspectos de nuestra vida, de modo que nos limitamos a reconocer visualmente las cosas que son habituales para nosotros. Así, la vida se vuelve aburrida por previsible.

Pero en realidad, el mundo y las cosas no son así, previsibles y por tanto aburridos. La mirada del ser humano tiene la capacidad mágica de hacerlas nuevas. Para ello, debe cambiar de actitud y reciclar su manera de mirar. Y por tanto, su manera de pensar: hay que salir a la calle con el chip cambiado, funcionando en modo descubrimiento, mirando el mundo que nos rodea de un modo renovado. ¿Cómo se hace eso? Emprendiendo un viaje impulsados por la gasolina de la ilusión, dirigidos por el volante de la voluntad y circulando sobre las ruedas del aprendizaje de nuevas habilidades. Empezar a hacer vídeos para internet con los que expresarse y comunicar es la manera –una de las maneras– de insuflarse esa nueva ilusión para ver y vivir de un modo diferente y mejor.

Mirar y ver es un aprendizaje progresivo que no se detiene en la primera infancia, cuando el cerebro del niño comienza a procesar imágenes, a reconocer los objetos que forman el mundo que le rodea y a atribuirles significados y emociones con las que se identifica. La mirada se educa, igual que el sentido musical. Ciertamente, no todo el mundo «tiene oído» para la música y del mismo modo no todos tienen «vista» para la mirada. Precisamente se insiste muy a menudo sobre la necesidad de que la escuela ofrezca educación musical a los alumnos pero no se hace lo propio con la educación visual.

Fijémonos lo que sucede con el dibujo. Cuando somos niños todos somos dibujantes. Apenas pillamos por nuestra cuenta un rotulador o un lápiz de color, atacamos las paredes a falta de papeles de buen tamaño. Dibujamos todo lo que se nos pone a tiro: mamás, gatitos, árboles, casitas y paisajes. Incluso, si cerca hay algún maestro o maestra que sabe dibujar, llegamos a realizar ilustraciones parecidas a los cómics, caricaturas, retratos o escenas de lo que tenemos cerca; quizás superhéroes, personajes de historias o deportistas famosos. Pero pocos son los que, con el tiempo y al llegar a la edad adulta, conservan sus dotes de dibujante. Invariablemente, si no estamos especialmente dotados o hemos seguido alguna formación en artes, las personas mayores dibujamos rematadamente mal, incluso peor que los niños más pequeños. Toda la espontaneidad infantil con el lápiz se ha esfumado y nuestro trazo responde a los bloqueos y rigideces que se desprenden de nuestra manera vivir y nuestro propio ecosistema emocional.

Expresarse bien con imágenes es fruto de un entrenamiento deliberado, que debe ser aprendido. Los vídeos y las fotos no los hacen las cámaras, los hace nuestra mirada una vez que es capaz de ver.

La ventaja, en el caso del audiovisual, es que el medio técnico suple la falta de habilidad manual. Se dice que gracias a los teléfonos móviles inteligentes ahora todos somos fotógrafos. Falso: todos tomamos fotografías pero pocos saben qué es lo que vale la pena fotografiar y cómo debe ser fotografiado para que despierte interés. También se cree que las prestaciones videográficas de los móviles nos convierten en operadores de cámara. Tampoco es cierto; un camarógrafo de vídeo no es alguien que está en un lugar donde sucede algo y toma imágenes de ellos, sino una persona que obtiene imágenes que deliberadamente ha identificado como interesantes y construye con ellas una narración audiovisual.

Es necesario que veamos la diferencia que hay entre recoger imágenes y construir una narración con imágenes. Narrar con imágenes implica una previsión de cómo van a ser las imágenes que utilicemos. Para ello hay que decidir cuáles van a ser, cómo las vamos a obtener. Supone, una vez obtenidas, decidir cómo combinarlas, en qué orden sucesivo, para que de su visión resulte la explicación de una historia.

Explicar una historia, sea con imágenes o con palabras, no es simplemente mostrar algo que sucede. Una narración es algo que su autor construye deliberadamente, escogiendo los elementos que la componen y ordenándolos de una forma determinada. Veamos lo que sucede cuando alguien nos cuenta algo sobre un hecho determinado que nosotros también hemos presenciado: su versión difiere en muchos puntos de la nuestra. No digamos ya si escuchamos a dos o tres personas narrar un hecho común a todas ellas, las versiones se multiplican.

Narrar, pues, no es tomar meramente imágenes. Narrar es contar una historia utilizando imágenes. Pero lo primero es la historia. Saber qué queremos contar, qué queremos decir, cómo lo vamos a contar.

Hablaremos más adelante del arte de narrar. Vamos a atender ahora a nuestra primera tarea, aprender a mirar.

Empieza a practicar

Consejos para aprender a mirar como un youtuber

Lo que distingue al youtuber de calidad no es su habilidad técnica con el vídeo sino su capacidad de ver y de narrar. Un artista es alguien que ve lo que los demás no ven; es alguien que, del entorno cotidiano más común y vulgar es capaz de percibir y extraer algo que resulta significativo, que permite expresar lo que él lleva dentro y con lo que otras personas pueden conectar porque eso que nadie ve es precisamente lo que encierra una magia que se convierte en un vínculo común entre seres humanos.

Esa capacidad de ver lo que otros no ven es en parte innata pero también es aprendida. Se puede educar, entrenar, desarrollar. Y para eso no hace falta artefacto digital alguno; se requiere únicamente ser consciente de ello, estar dispuesto a educar la mirada y ser lo suficiente perseverante para ponerse en «modo visual» día a día, cada día, todo el día. Estos son algunos consejos prácticos que pueden ayudar a mirar como un youtuber.

❏ Redescubre tu entorno inmediato con mirada de cazador

Cada día debes ejercitarte en esta práctica: sal a la calle con tu cámara o móvil y mentalízate que eres un cazador. Cazador de imágenes, de situaciones, de historias. Mira atentamente a tu entorno: qué hacen las personas, cómo caminan, cómo y de qué hablan entre ellas. Observa las interacciones humanas y el fondo en que se dan (los lugares, los espacios, los objetos). Mira las caras, las expresiones, escucha las voces.

❏ Observa y piensa qué historias se pueden dar en tu entorno

De todo lo que has «cazado», ¿podría surgir alguna historia? Una historia no es necesariamente una noticia o una escena humorística. ¿Podrías construir una historia a partir de varias pequeñas historias? Reflexiona sobre ello. Más: visto lo que has visto, ¿te da ello pistas para ir en busca de historias posibles que no se vean pero que se intuyan?

❏ Encuentra las historias cercanas

Piensa en la gente que conoces, vecinos, amigos, compañeros diversos. ¿Quién de ellos tiene una historia que contar? Busca esas historias y toma nota sobre ellas en un cuaderno. De esas notas saldrán futuros vídeos que las narrarán.

❏ Móntate películas

Imagina historias de ficción a partir de las posibles historias que observas o supones. Deja correr la imaginación y «hazte películas» con lo que has visto o intuido. Es como si te contaras cuentos a ti mismo, como si vieras todo lo que te rodea como un gran cine.

❏ Fíjate en los detalles

Conviértete en un gran observador, fíjate en los detalles, de la gente, de su vestido, de su modo de moverse y gesticular; de los pequeños rincones urbanos, de los objetos que hay en las tiendas o servicios; de los entornos de la vida cotidiana. Hay que ser un cazador de detalles, ir en busca de aquello que pasa inadvertido pero que si te fijas en ello, cobra sentido porque destaca.

❏ Mira con ojo fotográfico, piensa en planos

Un vídeo o una película no muestran las cosas tal como son, lo hacen metiéndolas en un rectángulo que define y limita la imagen. Por tanto, cuando aprendas a mirar, encuadra lo que veas, míralo como si estuviese ya dentro del rectángulo del plano de la imagen. Al pensar en planos uno se centra exactamente en lo que es significativo de entre el conjunto de lo que ve y por tanto su idea se concreta. Así se avanza en acostumbrarse a narrar con imágenes.

❐ Lo primero, el interés humano

Los gatitos están bien, pero parémonos a pensar por qué nos gustan: porque les vemos con mirada humana, nos hace gracia lo que hacen porque les comparamos con lo que hacemos nosotros. Lo que interesa a la gente es lo que hace la otra gente; busquemos pues el interés humano como centro de las historias.

❐ Fíjate en las cosas curiosas que hace la gente

La gente puede ser tan divertida como los gatitos. No hace falta que hagan piruetas, basta que sepas sorprenderles en un momento de espontaneidad, en un detalle de un gesto o una acción a los que sacar punta. Lo que hemos dicho de fijarse en los detalles: fijarse en los pequeños detalles del comportamiento de la gente. Mira pues a las personas como si fueran gatitos.

Estos pequeños ejercicios están orientados a hacer que veamos la vida cotidiana como algo distinto: un espacio extraordinario que puede llegar a ser maravilloso. Para ver algo como nuevo necesitamos cambiar nuestro punto de vista. Poco importa que te propongas hacer vídeos de ficción, de realidad, informativos, reportajes, documentales, humor, anécdotas o divulgación. En este proceso gradual de aprendizaje estamos ahora en el momento de ver las cosas habituales de un modo inhabitual. Si no, filmaremos obviedades o vulgaridades, y lo que necesitamos es interesar y motivar a nuestro espectador con algo que motive su interés. ¿Cómo vamos a conseguirlo si no nos interesamos primero nosotros por ello?

Es en lo cotidiano donde se encuentra la verdadera magia de la vida. Lo maravilloso lo tocamos cada día momento a momento pero no sabemos reconocer la magia que las cosas cotidianas encierran.

Cuando un creador, en este caso un youtuber, sabe enseñar al público aunque sea por un instante cómo es esa magia y en qué pequeño detalle se revela, entonces se produce el milagro. Comunicamos con las personas, y comunicamos algo muy valioso: que el mundo es un lugar maravilloso en el que vale la pena vivir para descubrir día a día cosas que es apasionante ver y conocer.

Esos pequeños detalles mágicos de la vida no son algo extraordinario o sorprendente. Es la magia del ojo que los mira lo que obra la maravilla. La capacidad de ver lo que los demás no ven en los lugares donde todos miramos y siempre vemos lo mismo.

Para conseguir esa magia uno debe entrenarse personalmente. La cámara, el software de edición, el ordenador, no nos la van a proporcionar: son objetos inanimados, máquinas que hacen lo que les ordenamos que hagan. El genio está en nuestro interior y debemos descubrirlo.

Es imprescindible que sepas

Por qué debemos encontrar la historia que está detrás de una imagen

Se dice que «una imagen vale más que mil palabras». Falso. Una imagen puede tener muchos significados según quien sea el que la mire. Y puede por tanto ser interpretada de modo distinto por personas diferentes. Una imagen cobra sentido cuando le atribuimos un significado, y ese significado surge de y se expresa con palabras y conceptos.

Por eso cuando salimos a la calle en «modo cámara» nuestra mirada de explorador no busca imágenes sino historias. Nos interesan imágenes, y las situaciones en que esas imágenes se dan, que nos sugieran historias. Vamos a la caza de una historia porque lo que más le gusta a la gente es que le cuenten cuentos.

No son las imágenes sensacionales lo que atrae a la gente, son las historias que esas imágenes narran. Mientras el cine de pantalla grande busca una espectacularidad exagerada basada en los efectos especiales, el interés de las audiencias se desplaza a las series de televisión. Es más: es en las series donde encontramos ahora la creatividad que en otro tiempo estuvo en el guionaje cinematográfico. El ww2 actual de las teleseries responde a eso, así de sencillo.

Nuestros vídeos interesarán si cuentan una historia a alguien. Una historia puede ser real o de ficción. Las ideas que hallarás en tu entorno pueden servirte tanto para narrar algo que ha sucedido o algo de tu propia creación. Ahí es donde entra en juego tu talento:

☐ ¿Qué cuento me vas a contar? Un cuento que me interese, me entretenga y me guste.

☐ ¿Cómo me lo vas a contar? Con qué imágenes, con qué palabras, con qué argumento, con qué recursos y medios.

☐ ¿Cuáles serán sus protagonistas?

☐ ¿Por qué tendría que interesarme precisamente ese cuento? Ponte en el lugar del espectador que va a ver tu vídeo.

Recuerda la regla de oro de la comunicación: lo que interesa a la gente es lo que hace otra gente; la mejor manera de mostrar lo que hace la gente es contarlo explicando una historia. No necesariamente de ficción; puede ser una simple anécdota, algo que ha sucedido. Una receta de cocina es una historia, la historia de cómo se prepara un plato.

Empieza a practicar

Cuatro consejos para aprender a narrar en imágenes

Un vídeo es una narración audiovisual. Una narración audiovisual no es una secuencia de imágenes sino una historia que alguien explica a otros. Como toda historia tiene un principio y un final, y entre medio, algo que sucede. Las historias se basan en los cuentos infantiles que nos contaban cuando éramos niños y de los que todavía recordamos su magia. Un narrador audiovisual es alguien que sabe crear magia con una historia contada con imágenes.

☐ Mira a través de la cámara a menudo, piensa en planos.

☐ Recuerda hechos o anécdotas sucedidos en tu entorno. Imagínate que se lo vas a contar a alguien: ¿cómo lo explicarías en un vídeo de dos minutos? ¿Con qué imágenes lo contarías? (Toma notas breves describiendo cómo serían las imágenes.)

☐ Cuando mires una serie o una película fíjate en cómo son las imágenes que se suceden una tras otra, por qué motivo están en ese orden.

☐ Invéntate una historia y toma fotografías que la representen; luego monta las fotos en una sucesión que exprese esa historia.

4

EL YOUTUBER EN ACCIÓN

UNA CÁMARA Y MILES DE TRUCOS

El equipo necesario y cómo utilizarlo en las primeras prácticas

Elegir y emplear una cámara, comenzar a filmar con ella y usar algunos trucos.

Lo primero que uno se pregunta cuando quiere iniciarse en el arte del vídeo es qué equipo va a necesitar y cuanto dinero le va a costar. La primera pregunta la responderemos a lo largo de este capítulo; la segunda, ahora mismo: nada. Lo más probable es que tengas ya un *smartphone* equipado con función de fotografía y vídeo: con eso puedes empezar. Las herramientas de edición son gratis. Mientras aprendes a sacar partido de lo que ya tienes podrás ir pensando si inviertes dinero en otras cosas.

Equipo para empezar:

- Un *smartphone* equipado con función de vídeo.
- Un programa de edición de vídeo en el ordenador (gratis).
- Un ordenador, de sobremesa o portátil.
- El cable para conectar el teléfono al ordenador.

Con eso puedes ponerte en marcha para aprender, practicar e incluso publicar en la red.

Lo siguiente que deberás conseguir:

▶ Un trípode ligero que pueda sostener, mediante grapas, el teléfono en posición horizontal.

Cuidado: hay trípodes muy adaptables que tienen el inconveniente de fijarse al teléfono mediante adhesivos. Hay que descartarlos, porque la materia adherente se gasta enseguida, se ensucia y se estropea. Antes de pagar por él hay que probar que se adapte bien a tu teléfono y que lo sostenga en posiciones diversas. Hay que probarlo sobre superficies difíciles o incluso inestables, que son las que te encontrarás en la práctica. Por ese motivo hay que ir a comprar el trípode en una tienda física, si lo compras por internet no podrás hacer esas comprobaciones.

¿Y por qué un trípode? Porque un teléfono sostenido a mano, y aún más en movimiento, es tan inestable que las imágenes de vídeo que toma son tan movidas y trastabillantes que te esfuerces lo que te esfuerces el resultado siempre será de mala calidad.

El trípode es necesario para:

◗ Grabar tus intervenciones hablando a cámara.

◗ Entrevistar a alguien.

◗ Grabar una escena a cámara fija.

◗ Escenas propias de videotutoriales, vídeos de cocina, vídeos educativos y descriptivos en general, en las que se ha de ver con claridad el desarrollo de una acción en una superficie o espacio reducido.

◗ Vistas generales de paisajes, sobre todo urbanos, planos en los que hay movimiento de personas y vehículos.

◗ Movimientos de cámara alrededor del pivote fijo del trípode, para captar en plano secuencia escenas panorámicas o para seguir el movimiento de un personaje,

Si en el montaje combinas las escenas de cámara fija rodadas con trípode y escenas en las que la cámara está en movimiento, verás que el resultado final da mayor sensación de calidad.

Un programa de edición de vídeo y captura de imágenes

Con las imágenes grabadas solas no haces nada. Un vídeo es una narración en imágenes, y para narrar con imágenes hay que organizarlas para que resulte una historia coherente. Esa organización es el montaje o edición, que incluye otros elementos como: la incorporación de sonido adicional, subtítulos o rotulación, gráficos o cualquier otro tipo de efectos. Todas esas prestaciones las ofrecen los programas de edición de vídeo disponibles en la red.

El programa más difundido es Movie Maker, que viene con el sistema operativo de Windows.

La interfaz de MovieMaker

Si no lo tienes incorporado en tu ordenador puedes descargarlo aquí:

http://windows.microsoft.com/en-us/windows/get-movie-maker-download

Con Movie Maker puedes editar perfectamente tus vídeos, incorporar sonido, hacer transiciones y efectos. Para familiarizarte con su uso, que es muy fácil, utiliza este manual básico, producido en la formación de Graduado Multimedia que ofrece la Universitat Oberta de Catalunya (UOC):

http://mosaic.uoc.edu/wp-content/uploads/Manual_Basico_de_Windows_Movie_Maker.pdf

Haz una primera lectura del texto para ver de un vistazo la estructura y funcionamiento del editor y descubrir, si no lo sabes ya, el sentido de algunos términos especializados.

Si tu ordenador es un Mac o utilizas el sistema operativo iOS debes utilizar el editor iMovie, también gratuito.

Descarga:

www.apple.com/mac/imovie/

Tutorial de iMovie:

https://manuals.info.apple.com/MANUALS/0/MA626/es_ES/
Introduccion_a_iMovie_08.pdf

Aquí hallarás una serie de videotutoriales de iMovie:

http://www.imoviehowto.com/

Ten en cuenta que en YouTube hay montones de videotutoriales en español tanto de Movie Maker como de iMovie. Lo recomendable es dar una primera lectura rápida a los tutoriales escritos para ver la estructura de la herramienta, y luego ir mirando los videotutoriales, con el tutorial escrito al lado, en el que irás haciendo anotaciones destacando y priorizando los puntos a aprender y trabajar.

La interfaz de iMovie, el programa de edición de vídeos para sistema iOS.

Ya tienes un *smartphone* en función de videocámara, un trípode, un editor de vídeo y tu ordenador. Ya puedes empezar a aprender en la práctica.

Empieza a practicar

Editar un clip en movimiento con fotografías fijas

Iníciate en el uso de Movie Maker con el siguiente ejercicio.

Utiliza para la primera parte el siguiente tutorial:

https://escrituraperiodisticamultimedia.files.wordpress.com/2012/09/manual-moviemaker.pdf

(Para la segunda parte emplearás el tutorial de la UOC anteriormente indicado).

Primera parte:

☐ Revisa las fotografías que más te gusten de las que tienes en tu teléfono, en el ordenador o en un disco duro externo.

☐ Comprueba si con un grupo de ellas puedes construir una breve historia audiovisual. O una secuencia de imágenes que encajen entre sí, con música de fondo.

☐ Piensa qué título podría tener el clip, y qué rótulos se le podrían insertar a modo de descripción o para fijar el tema.

☐ Empieza a usar Movie Maker o iMovie para capturar esas imágenes, ordenarlas, editarlas.

☐ Utiliza los recursos de edición (transiciones, efectos) que creas convenientes.

☐ Incorpora los rótulos.

☐ Captura la música elegida, insértala de fondo y establece el principio y final del clip.

☐ Equivócate todo lo que haga falta, experimenta y juega con el editor y sus posibilidades. Ve descubriendo qué podrías hacer con él más adelante.

Segunda parte:

☐ Visiona el clip resultante y piensa cómo podrías hacer una versión con imágenes de vídeo en movimiento.

☐ Piensa y planea cómo obtener esas imágenes de vídeo; consíguelas o grábalas.

☐ Crea ahora un videoclip y experimenta ahora con la edición de videoimagen en movimiento, a partir de lo que has aprendido con el ensayo del clip de foto fija anterior.

El paso del *smartphone* a la videocámara

No te conformes con la práctica que acabamos de proponerte: usa el teléfono móvil a destajo para tomar todo tipo de imágenes en movimiento, en cualquier lugar y circunstancia. Experimenta con los tipos de luz natural y artificial con que te encuentres, con el movimiento de cámara, con los diversos tipos de planos que puedas obtener. Así percibirás tanto las posibilidades como las limitaciones del dispositivo.

Una vez seas ya consciente de tus aciertos y errores, es el momento de pensar en utilizar una vídeocámara. Ventajas:

▶ Manejo más cómodo, estable y adaptable a la mano.

▶ Posibilidades de movimiento pivotante en el trípode (deberás adquirir un trípode compacto que se fija a la cámara mediante un perno).

▶ Óptica de mayor calidad.

▶ Posibilidad de mayor duración de los vídeos, con la adaptación de tarjetas mini SD.

▶ Visor de mayor calidad para encuadrar mejor los planos y la profundidad de la imagen.

▶ Sonido directo de mayor calidad.

Es recomendable pues adquirir una videocámara ligera, de unos 150 euros o dólares de coste (si no es que dispones de suficiente dinero para hacer una adquisición mayor). También pueden encontrarse algunas más sencillas, por unos 40 euros o dólares. Examina bien los diversos modelos antes de comprarla, sobre todo para ver si admite tarjetas de memoria externa y, si es posible, si tiene una entrada de sonido para un micro exterior, de corbata. Esta última prestación no es frecuente en las videocámaras pequeñas de este precio, pero siempre es posible dar con una que disponga de ella.

Otro elemento destacable es la estabilización automática de imagen de que disponen las cámaras digitales, al contrario que los teléfonos móviles, aspecto nada desdeñable dado que seguramente, sobre todo al principio, la usarás en condiciones más bien asilvestradas. También el sensor de imagen y sobre todo el zoom digital son elementos importantes.

Una opción posible es utilizar una cámara fotográfica digital con prestaciones de vídeo. Aquí entra en juego el factor económico, referente a las posibilidades del sonido.

Una cámara digital con sonido profesional, micrófono direccional incorporado, cuesta unos 1.400 euros o dólares como mínimo. Incorporar un sistema de sonido de gran calidad a una cámara de calidad representa sumarle mil euros o dólares a su precio. Sin embargo, una cámara fotográfica con prestaciones de vídeo puede incorporar un micro de calidad que cueste unos 50 euros o dólares. Aquí hay que pensar en términos de manejabilidad de la cámara; la posición de la mano y el brazo al sostenerla para usarla en movimiento.

Lo ideal sería tener amigos que dispusieran ya de esos equipamientos y examinar con ellos las distintas posibilidades para ver cómo se equilibran las relaciones entre nuestra posibilidad de operatividad y el precio de los instrumentos. También lo sería disponer de una tienda profesional con dependientes provistos de la paciencia y profesionalidad necesarias para aconsejarte y permitirte hacer pruebas.

El movimiento de la cámara

En el cine y el arte audiovisual, los movimientos de cámara básicos son la panorámica horizontal (el «barrido» con la cámara de un paisaje, de izquierda a derecha, que permite ver en el plano como una amplia zona de campo pasa frente a nuestros ojos), la aproximación sobre vías, el *travelling* y la grúa. Estos últimos medios técnicos están fuera del alcance de un youtuber aficionado, pero pueden ser sustituidos por un recurso ingenioso: usar una silla de ruedas en la que vaya sentado el operador de cámara.

Lo ideal es una silla de ruedas para enfermos o impedidos, pero también puede servir una silla de oficina, a condición de que las ruedas estén bien engrasadas y las tres patas encajen muy establemente en el fondo de la silla. Lo más importante es que la persona que las maneje haya practicado bien para moverse con suavidad, regularidad y lentitud. Por supuesto, este medio sólo es válido sobre una superficie lo más lisa posible. Es cuestión de practicar y aplicar este recurso a las propias necesidades.

El operador de cámara deberá practicar mucho para ser capaz de sostener la cámara en mano durante un tiempo prolongado, sin cansarse y con ello hacer temblar el aparato y haciendo con eficacia los movimientos requeridos. Este entrenamiento forma parte de la preparación del youtuber en acción. Para él sostener la cámara en la mano supone el medio básico de crear el movimiento en sus vídeos, aunque se trate de algo inestable. Además, utilizará una videocámara pequeña y compacta, de modo que al ser ligera, al principio del rodaje le será fácil sostenerla pero a medida de que pase el tiempo notará el cansancio y con él la inestabilidad. Las cámaras grandes, más caras, son más estables, entre otras cosas porque hay que llevarlas al hombro. De modo que la opción económica vuelve a ser relevante en este asunto.

El aprendizaje del camarógrafo deberá contar, pues, con la experimentación de los movimientos de cámara posibles y necesarios al mismo tiempo que el entrenamiento corporal en términos de precisión, estabilidad, fuerza y aguante. El youtuber incipiente deberá planificar un entrenamiento personal que incluya ambas habilidades.

Los profesionales consiguen la estabilidad de la cámara, además de con *travellings*, raíles y «*dollys*», mediante arneses, dispositivos estabilizadores y *steadycams*. Pero esos útiles suelen ser muy caros y fuera del alcance de un aficionado, que bastante tiene con ir pensando cómo ahorrar para una cámara de mil o mil quinientos euros o dólares. El youtuber debe entrenarse como hemos dicho, centrado en conseguir algo que no es fácil: caminar con suavidad, regularidad y estabilidad sobre cualquier superficie.

Al principio, el automatismo estabilizador óptico o digital de la cámara es de mucha ayuda. Pero a cambio reduce la calidad de la imagen, de modo que hay que ir desprendiéndose de ese recurso, pasando a ser el propio operador, su habilidad y su pulso, el agente estabilizador.

Gran parte del público actual valora mucho, y más en vídeos cortos, las imágenes rápidas y movidas, que proporcionan impresión de dinamismo. Pero el creador del vídeo debe tener muy en cuenta que la principal sensación de movimiento y agilidad se produce en el proceso de montaje y edición del vídeo.

Es la selección y combinación de planos lo que da movimiento a un vídeo. Los planos con movimiento de cámara deben ser valorados en el contexto de esa selección, e incluidos en función del conjunto de imágenes con las que se explica la historia. Por eso es necesario planificar la realización del vídeo (preproducción), que explicaremos en el próximo capítulo: para actuar con eficacia y no sobrecargarse de esfuerzos que al final sirven para poco.

Recursos técnicos

La estabilización de la cámara en movimiento

A medida que vayas adquiriendo experiencia te verás enfrentado al reto de obtener imágenes estables obtenidas con la cámara en movimiento, sobre todo si haces reportajes, deportes o seguimiento de personajes en espacios abiertos. Los profesionales utilizan a este efecto las llamadas *steadycams*, de tecnología compleja y costosa. Pero existe el recurso de utilizar estabilizadores de agarre, muchísimo más asequibles.

Vete haciendo a la idea de lo que puedes necesitar y obtener con estos tutoriales:

❐ Consejos sobre posiciones corporales y modos de agarrar la cámara cuando usamos una cámara de fotos para hacer vídeos:

http://www.xatakafoto.com/trucos-y-consejos/como-agarrar-la-camara-para-mejorar-la-estabilidad-algunos-trucos-faciles-en-video

El vídeo tutorial está en inglés pero se ven perfectamente los movimientos del operador.

❐ Cómo construir una *steadycam* casera por 15 dólares o euros:

http://stadycamcaseros.blogspot.com.es/2012/10/stadycam-en-15-minutos.html

Este vídeo muestra cómo fabricar una *steady* casera con pocos recursos, que nos puede servir a todos los efectos.

En cualquier caso, siempre podemos usar un estabilizador simple, que es una empuñadura extensa de la cámara que no permite las grandes prestaciones de las *steadycams* pero que nos proporciona una calidad de imagen inusual entre los aficionados. Pueden encontrarse por unos 50 euros o dólares, incluso en Amazon.

Se llama audiovisual y no por casualidad

El medio audiovisual se llama así porque está compuesto de sonido e imagen. En este orden, primero sonido, después imagen. Pero nos atrae la imagen y construimos con ella las narraciones vehiculadas por este medio. Quizás debería llamarse algo así como visualauditivo. Pero no: conecta el televisor o pon en marcha un vídeo; luego, quita el sonido del receptor o reproductor. ¿Qué pasa? Que las imágenes pierden todo su relieve y vigor. Sin la presencia del sonido, el vídeo, abandonado a su suerte, no es tan expresivo como se supone, no lo es ciertamente cuando forma parte del conjunto: audio-visual. Es el sonido, correctamente capturado, procesado, editado y montado, lo que hace del audiovisual un medio de tan potente expresión. Es la banda sonora y la música que incorpora lo que confiere el definitivo dramatismo a una película de ficción.

Es sorprendente, por tanto, la poca atención que se suele prestar al elemento audio en el mundo de la iniciación al vídeo. Afortunadamente, los jóvenes suelen tener una sólida cultura auditiva, forjada en la música, la práctica de los discjockeys y el uso de los aparatos de sonido. Esa capacidad de apreciación deberá ser incorporada por el youtuber para desarrollar sus competencias.

El problema de la realización de vídeos para la Red con medios reducidos consiste en la captación de sonido en condiciones de calidad suficiente y que responda a lo que el proyecto del vídeo pretende. Un audio irregular, con niveles desestabilizados, con mucho sonido ambiente ensuciándolo, siempre hará descender la calidad final del producto, por más que la del vídeo sea buena. No hay que confiar en corregir esos defectos en el proceso de edición porque el nivel de defecto siempre pesará en el resultado.

Por tanto, en el proceso de preproducción habrá que prever las condiciones de sonido posibles y las deseadas, y los medios a emplear para obtener los mejores resultados. Estos son los aspectos que hay que considerar:

▶   Condiciones del entorno sonoro en el rodaje en interiores, posibles interferencias imprevistas y cómo prevenirlas.

▶ Condiciones del rodaje de exteriores, fuentes de ruido ambiente posibles y como evitarlas o neutralizarlas.

▶ Uso del micro de corbata en entrevistas o declaraciones a cámara.

▶ Si no se puede disponer de micro de corbata, previsión de ajuste del sonido directo captado por el micro direccional de la cámara.

▶ En exteriores, proximidad de la cámara y su micro direccional a la fuente de sonido deseada.

▶ Previsión de niveles de sonido alternados en la palabra captada por el micro de la cámara y el sonido ambiente, que deberán ser compensados y equilibrados en el proceso de edición.

▶ Naturaleza y papel de fuentes de sonido deseadas y posibles durante la grabación (instrumento musical, percusión, sonidos de ambiente que tienen un papel relevante en la narración, etc.).

El youtuber en prácticas deberá pues, una vez avanzado en el proceso de sostener y estabilizar la cámara, comenzar a practicar la captación de sonido directo. Es recomendable hacerse con la colaboración de un compañero que tenga ya cierta práctica en tareas de sonido; el típico amigo que ya practica con programas de edición de sonido, sabe utilizar auriculares y micros, y tiene el oído entrenado y afinado para distinguir los niveles de calidad y ser consciente del punto de calidad necesario a conseguir. El youtuber comenzará a practicar solo al principio, probablemente, pero si piensa en formar un equipo lo primero que debería tratar de conseguir es una colaboración de este tipo: un sonidista que, aunque se halle también en formación, tenga cualidades para el oficio.

5

PREPRODUCCIÓN Y PRODUCCIÓN

LA HORA DE LA VERDAD

Cómo se preparan y llevan a cabo las tareas necesarias para la grabación de un vídeo

 Aprendamos a trabajar de manera estructurada para que nuestra creatividad se apoye en una base sólida que nos garantice el éxito.

Tomar la cámara, salir a la calle, filmar y regresar a casa con un vídeo perfecto. Si todo fuera tan sencillo... Lo cierto es que para obtener resultados de calidad en el arte de la videografía es inevitable preparar, planificar y organizar las acciones que, realizadas sucesivamente, formarán en su conjunto una producción audiovisual digna de tal nombre.

Aunque lo que nos propongamos sea grabar vídeos divertidos, ingeniosos e interesantes, que queden bien y nos dejen contentos por el esfuerzo empleado, aunque no seamos profesionales del audiovisual, es imprescindible tener en cuenta ciertas medidas preparatorias y precauciones organizativas que nos van a proporcionar mayor calidad y satisfacción. Improvisar a menudo es necesario, a veces es conveniente pero casi nunca es una garantía de buenos resultados, a menos que en la

improvisación hayan confluido ciertas circunstancias de espontaneidad, talento y buena suerte.

Debemos comenzar, pues, a familiarizarnos con los tres conceptos
principales que componen el quehacer audiovisual: preproducción,
producción y postproducción.

- Preproducción. El conjunto de tareas destinadas a planificar y
  organizar el proceso de rodaje o grabación audiovisual.

- Producción. Los trabajos audiovisuales que se realizan para obtener las imágenes y el sonido, en sus correspondientes circunstancias y con los medios adecuados.

- Postproducción. Montaje y edición de la imagen y el sonido,
  adición de los efectos, rotulación y elementos complementarios;
  acabado final.

En una película, serie o programa de televisión, cada uno de estos
capítulos del proceso general de producción audiovisual tiene una gran
complejidad y encierra diversas habilidades y especialidades profesionales. En nuestro caso la situación es más sencilla pero es imprescindible que nos acostumbremos a pensar, cuando queramos hacer un vídeo,
que nuestra labor se va a dividir en esas tres partes del proceso.

Cómo hacer un diseño de preproducción

Antes de acometer la preproducción propiamente dicha, se supone que
ya debe de existir una idea mínima de lo que se pretende hacer y un
esbozo del proyecto correspondiente. En el próximo capítulo tratare-
mos sobre cómo convertir una idea en un proyecto. Pero debemos comenzar a trabajar a partir de una decisión básica: ¿qué tipo de vídeo
queremos hacer, cómo queremos que sea, está dentro de nuestras posibilidades llevarlo a cabo? Si la respuesta a estas tres preguntas es sí,
hacer un diseño de preproducción nos ayudará a concretar nuestro propósito.

Estos son los puntos a tener en cuenta, que debemos anotar en una
hoja de trabajo:

1. Localización.

2. Iluminación.

3. Sonido.

4. Tiempo.

5. Equipo técnico.

6. Vestuario y atrezzo.

7. Material auxiliar y catering.

8. Transporte.

9. Dinero

10. Equipo humano.

11. Escaleta de diseño general del vídeo.

12. Lista de planos a grabar.

Las 12 listas que sirven para organizar y estructurar la preproducción

1. **Localización.** ¿Cuántas escenas se grabarán en interiores y cuántas en exteriores? ¿Cuáles serán unas y otras? ¿Cuáles son las fechas disponibles para las distintas localizaciones?

2. **Iluminación.** La luz disponible en las localizaciones será suficiente y adecuada? ¿O habremos de aportar luz adicional? ¿Con qué elementos? ¿Disponemos de útiles de luz artificial, como focos o cañón de luz? ¿Podemos alquilarlos? ¿O los improvisamos con lámparas que estén disponibles en la localización o las llevamos nosotros?

3. **Sonido.** ¿Cómo serán las condiciones de sonido en las localizaciones de grabación previstas? ¿Habrá ruido de fondo o silencio? ¿Cómo tenemos previsto contrarrestar los obstáculos? ¿Se adecuan nuestros medios de grabación de sonido a nuestras necesidades una vez que estamos en la localización deseada?

4. **Tiempo.** ¿Cuánto tiempo habrá disponible en cada localización? (Por disponibilidad del entorno, por disponibilidad del propio equipo.) ¿En qué orden iremos a grabar a esos lugares? ¿Podemos planificar ya las fechas de grabación?

5. **Equipo técnico.** ¿Qué material será necesario en total? Lista exhaustiva de todo lo necesario. No olvidar pilas y baterías de recambio, cuadernos de notas pequeños y grandes. Revisar el punto 10 de esta relación (lista de planos a grabar) para ver qué material requiere cada sesión de grabación y cuál es la lista completa de material requerido.

6. **Vestuario y atrezzo.** ¿Cómo irán vestidas las personas que aparecerán en el vídeo? Debes saberlo antes de que se presenten en el punto de rodaje y decidir si lo que llevarán es lo que quieres. ¿Hará falta algún elemento de vestuario adicional, y si es así, de dónde lo sacarás? El atrezzo es material adicional que ha de aparecer en la escena, y la pregunta es la misma: ¿se encuentran en la localización los objetos que deseas? ¿Los que hay son los

adecuados? ¿Hay que conseguir algo que no está allí? ¿Cómo se conseguirá? ¿Algún elemento de estos materiales será simulado? ¿Cómo se conseguirá o fabricará?

7. **Material auxiliar y catering.** Repasa la lista del punto 4 y piensa si hará falta algo más. Lo mismo con el punto 3 y piensa si durante el tiempo que durará la grabación las personas presentes (el equipo de rodaje y quienes aparezcan en escena) necesitarán algún tentempié o ir a comer algo. En todo caso aporta agua suficiente; la tensión del rodaje da mucha sed. ¿Cuánto cuesta la comida y la bebida? Anótalo en la lista del punto 8 y comprueba si se ajusta al presupuesto.

8. **Transporte.** ¿Con qué accederemos al punto de rodaje, con transporte público o privado? ¿Qué necesitamos para trasladar el material? ¿Todos en coche o la mayoría en transporte público y una persona que lleva el material en automóvil o furgoneta? Examinar lo más práctico y operativo, calcular el presupuesto y añadirlo a la lista del punto 8. Si se utiliza transporte público, prever medio y horarios de regreso.

9. **Dinero.** Confeccionar un presupuesto general del conjunto de la producción del vídeo. Comprobar si está a nuestro alcance o si merece la pena el esfuerzo invertido dados los resultados previstos. Evaluar si podemos empezar a grabar aunque no tengamos todo el presupuesto o si estaremos más tranquilos si nos ponemos manos a la obra con el dinero en el bolsillo. Ver si la producción del vídeo se puede dividir en varias jornadas separadas por cierto tiempo a medida que se consigue la financiación. Si el monto es un poco alto, estudiar si se recurre a una contribución general entre amigos cercanos y si se les puede ofrecer algo a cambio.

10. **Equipo humano.** ¿Quiénes van a trabajar en el vídeo? ¿Qué hará cada uno de ellos? ¿Cómo se reparten las atribuciones y responsabilidades? ¿Son suficientes o hay que buscar alguna colaboración? Revisar las tareas que requiere la producción y ver qué personas expertas se necesitan. Asegurarse de la competencia de cada uno de ellos. Estudiar si nos conviene alguien que

no acabe de ser un experto pero cuyo valor humano aporta algo importante al equipo. Decidir si se desea un equipo amplio para tener muchos expertos o se prefiere un equipo pequeño compacto y bien avenido.

11. **Escaleta de diseño general del vídeo.** Una escaleta es como un guión sencillo que indica la sucesión de escenas que compondrán el vídeo una vez editado: cómo debe ser el producto final (ver el recuadro que figura en este capítulo). Es muy conveniente indicar el tiempo que debe durar cada escena una vez montada, al menos aproximadamente, luego ya haremos correcciones, con toda seguridad. Pero debemos tener una idea de la duración del producto final y de cómo se desglosa en periodos sucesivos de tiempo.

12. **Lista de planos a grabar.** Esta previsión es lo fundamental de la producción y el eje central de la grabación. Una vez diseñada la escaleta general hay que convertirla en una lista de planos que será necesario grabar (ver el recuadro que figura en este capítulo). Ese es el modo operativo de transcurrir de la preproducción a la producción: primero describimos cómo tiene que ser el vídeo una vez acabado, y lo desglosamos escena a escena. Y luego planificamos con exactitud cómo debe ser cada uno de los planos que las componen para saber exactamente y de antemano lo que tendremos que grabar.

Como habrás podido ver, estos 12 puntos consisten en hacer listas de cosas muy sencillas. Te sorprendería, sin embargo, ver cómo hay muchísima gente que tropieza, precisamente, en lo más simple, por ejemplo, una batería gastada para la que no hemos llevado repuesto y por lo tanto tenemos que suspender la grabación, perdiendo lastimosamente el tiempo. Se trata de usar el sentido común y unos principios básicos de lo que podríamos llamar economía doméstica aplicada a la producción de vídeo. Aunque hacer vídeos como los que aquí nos proponemos no es tan complejo como la producción audiovisual profesional en televisión o cine, las tareas básicas necesarias son prácticamente las mismas, adaptadas a nuestras posibilidades técnicas y económicas. Precisamente, al ser nosotros aficionados tan entusiastas como modestos, lo que nos dará el éxito será la combinación de creatividad y de capacidad de organización.

Esta lista de preproducción estructurada en 12 capítulos nos permite darnos cuenta del verdadero alcance y monto de la tarea de hacer vídeos de calidad. No te dejes impresionar por la extensión y por lo minucioso de los detalles que hay que tener en cuenta; tendrás que adaptar esta lista modelo a tu propia situación: qué es lo que necesitas para poder hacer el vídeo que quieres.

La lista de preproducción que funciona es la que se ajusta a tus necesidades reales

El sentido de la realidad práctica es fundamental en el trabajo audiovisual. Lo importante no es tener una idea brillante sino la capacidad de hacerla realidad. Ideas hay muchas, proyectos valiosos, pocos. La posibilidad de convertir una idea en un producto audiovisual real marca la diferencia, y esa diferencia reside en la capacidad de identificar, prever y organizar los elementos materiales que nos permitirán llevarla a cabo.

Forma parte de ese sentido de la realidad la visión capaz de valorar qué esfuerzos estamos en disposición de llevar a cabo y con qué elementos materiales y humanos podemos contar para hacerlo. Porque si nos ponemos el listón demasiado alto en estos aspectos podemos encontrarnos que producir un vídeo, que debía ser para nosotros una labor divertida, creativa y gratificante, se convierte en fuente de tensiones y de problemas desagradables. Por supuesto, para disfrutar con la labor creativa es necesaria cierta tensión, que hace que nuestra mente esté despierta y nuestro espíritu esté animado, pero no debemos asumir un esfuerzo exagerado que transmute el gozo de crear en el sufrimiento de no alcanzar a realizar lo que deseamos. Debemos aprender a hallar el equilibrio necesario entre objetivos y recursos para que se ajuste al esfuerzo que somos capaces de asumir y que al desarrollarlo nos proporcionará el verdadero y justo placer del aprendizaje creativo.

Recursos de planificación

Un ejemplo sencillo de escaleta

Reportaje de 4 minutos sobre un grupo musical

Minutos y segundos   Contenido de las escenas

00.00

Introducción. Cámara subjetiva sigue a los cuatro miembros del grupo que caminan por una calle. Los cuatro de espaldas a la cámara mientras caminan y son seguidos por el objetivo. Fondo música de su último éxito.

00.20

El grupo llega a una plaza y se sientan en un banco. Transición, cambio de plano. Plano general de los cuatro chicos sentados, mirando a cámara. Voz en off hace la presentación del grupo y su nueva canción.

00.35

El mismo plano, el presentador entra en el plano, con un micro de mano, y se sienta en medio del grupo. Entrevista: preguntas y respuestas sucesivas con cada miembro del grupo.

02.35

Imágenes de una actuación del grupo, sonido directo.

03.15

> Localización de nuevo en la plaza. Plano del líder del grupo hablando a cámara. Explica cuáles serán sus próximas actuaciones.

03.35

> Continuación de las imágenes anteriores de la actuación del grupo. Sobreimpresión de rótulos sucesivos anunciando las fechas y lugares de las actuaciones próximas del grupo.

04.00

> Fundido a negro y fin.

Esta escaleta es el proyecto previo de guión, antes de empezar a grabar. Describe en líneas generales las características y estructura del vídeo, desglosado en las partes que lo componen. Lo importante es tener claro cuánto va a durar cada parte, que va a aparecer en cada una de ellas y cuál va a ser la sucesión de escenas. A partir de ello se puede hacer una planificación de los planos a rodar. Luego, en el montaje, seguro que se modificará esta escaleta para dar lugar a otra, definitiva; habremos visionado todo el material que hemos grabado y veremos si sigue siendo válido el planteamiento inicial o lo hemos de mejorar a partir de lo que hemos conseguido. Haremos entonces una escaleta definitiva que servirá de guión para el montaje. Pero la escaleta inicial nos habrá sido imprescindible para saber qué queríamos grabar y a qué estaba destinado.

Este esquema es muy sencillo pero sirve como punto de partida. Seguro que tendrás que confeccionar escaletas más complejas, por eso hay que ir practicando con esta técnica poco a poco; es muy conveniente salir a grabar después de haber confeccionado una escaleta de previsión inicial como esta. Luego ya la cambiarás, pero aprenderás a producir vídeo de manera organizada y planificada.

Planificación de las sesiones de grabación

Una vez disponemos de la escaleta inicial y hemos completado la lista de preproducción, pasamos a planificar la sesión o sesiones de grabación (es decir, la puesta en página del punto 12 de la lista de preproducción).

No debemos salir a realizar una sesión de grabación sin saber qué planos vamos a grabar. Si no lo hacemos no podremos tener una previsión de cuánto tiempo va a durar la sesión porque no sabremos qué haremos en ella exactamente. No se improvisa en la grabación de vídeos más que cuando hallamos una oportunidad imprevista que nos permite añadir algo valioso a la idea que teníamos proyectada, cuando aparece algo insospechado que nos interesa, cuando surge una oportunidad que podemos aprovechar. Pero el trabajo general se sostiene siempre sobre la planificación prevista.

Siempre podemos improvisar y aprovechar las buenas ocasiones imprevistas que surjan. Pero el éxito de un vídeo radica en gran parte en una correcta organización de su producción.

Quizás la insistencia en la preproducción y la planificación pueda desanimar a algunos, que creían que la grabación de vídeos era un festival de espontaneidad e improvisación. Lamento desengañarles: hay un aspecto necesariamente aburrido en la producción audiovisual. La buena noticia es que esas tareas aparentemente tediosas albergan el placer de desarrollar un trabajo bien hecho, una labor en que se pone a prueba nuestro talento en su dimensión de capacidad de trabajo en equipo, de coordinar esfuerzos, de convertir nuestras ideas en realidades, de dosificar nuestras energías, de liderar grupos, de desarrollar una capacidad de previsión que nos será útil en esta y otras labores, de pensar con lógica los procesos de creación, de potenciar definitivamente nuestra creatividad mediante la generación de nuestra capacidad de convertir la creación en realización. Lo que parece aburrido se convierte en una tarea apasionante porque pone a prueba lo mejor de nosotros: nuestro talento y capacidad de trabajo bien orientado y con eficiencia.

Una vez disponemos de la escaleta inicial, tenemos que desarrollar cada una de las escenas y traducirla en planos. Un plano es una toma de cámara, el momento de la grabación en que tomamos imágenes de manera organizada: dónde ponemos la cámara, hacia donde la enfocamos, si la movemos o la mantenemos quieta, quién se pone ante el objetivo y cómo queremos que aparezca en el plano resultante.

Cada escena, definida por la duración prevista que figura en la columna izquierda de la escaleta, se compone de un plano o de varios. Tenemos entonces que:

▶ Definir cada uno de los planos deseados.

▶ Hacer las especificaciones técnicas de cada uno de ellos que sean útiles al operador de cámara y al sonidista, y si cabe, al iluminador.

▶ Ordenar todos los planos en una lista en que se sucedan por un orden previsto de grabación.

▶ Hacer una planificación general de la producción de estos planos en el orden previsto.

Esta lista es lo que nos servirá para planificar la sesión o sesiones de grabación: en manos del director o realizador del vídeo, es lo que manda y a partir de donde surgen las órdenes en el rodaje. Sin esta lista, la sesión de grabación será confusa, larga y desaprovechada. Debemos saber exactamente qué planos vamos a rodar antes de iniciar la sesión. Luego, ya metidos en faena, podemos rodar planos complementarios que veamos que pueden ser útiles, o que aparezcan como necesarios una vez estamos grabando. Siempre es bueno grabar planos de recurso porque a lo mejor nos vienen bien para mejorar el montaje o solucionar problemas imprevistos que surjan durante la edición final.

Recursos de planificación

Lista de planos a grabar

La lista de planos a grabar está compuesta de las descripciones de cada plano que deseamos conseguir. Cada punto de la lista debe contener especificaciones como las siguientes, que desglosan la escena de la escaleta de ejemplo, que transcurre en el parque:

☐   Exterior, día, sin sonido directo.

Plano general del grupo musical, los cuatro componentes sentados en un banco del parque.

Cámara en trípode. Sonido en off, añadido en edición.

☐   Exterior día, sonido directo.

En el mismo plano anterior, entra en plano el presentador. Se sienta en medio de los cuatro miembros del grupo musical. Hace preguntas a cada uno de ellos.

Movimiento de cámara: barrido de izquierda a derecha, cerrando el plano sobre cada personaje entrevistado y abriéndolo al pasar al siguiente para cerrarlo cuando hace la declaración.

Sonido: de micrófono de mano, sostenido por el presentador.

Estas especificaciones parecen complejas pero son muy generales. Pueden ser siempre alteradas por el director o realizador del vídeo, bien porque se le ocurra algo mejor o lo requieran las circunstancias. Por eso será útil grabar algunos planos adicionales, no previstos inicialmente, que puedan ser útiles en el montaje: vistas generales del entorno, planos cortos de detalles de cara, manos, cuerpo o vestido del personaje, un niño que pasa por allí corriendo tras una pelota, etc.

Por ese motivo, la lista de planos a grabar deberá ser completada por una lista complementaria de planos grabados en total. La lista de planos grabados es la relación de todo lo que ha resultado de una sesión de grabación, la descripción de la totalidad del material con que contamos.

Esta lista de planos grabados deberá indicar la duración exacta de cada plano tal como han quedado una vez grabados. Nos será enormemente útil en la hora del montaje y edición.

Una y otra lista serán utilizadas en el momento del montaje para saber de qué material disponemos para la edición final, y así no tener que ir perdiendo el tiempo pasando todas las grabaciones que hemos hecho una tras otra.

Una estrategia de seguridad en la sesión de grabación

Siempre grabar de más y más variado

Cuando salgamos a grabar no nos debemos ceñir a aquello que hemos apuntado en el guión previo. Hay que grabar más imágenes de las que teníamos pensadas, más allá de las previsiones y de la duración de las imágenes que hemos planificado conseguir.

Seguramente nos aparecerán situaciones que ya de por sí nos darán pie a grabar de más, pero quizá no. Hay que pecar de grabar de más que quedarnos cortos de imágenes. Y grabar una misma situación desde diferentes perspectivas es también importante. Quizá, cuando te pongas a editar, te des cuenta de que es mejor la situación desde una perspectiva diferente a la que habías pensado. Pero sobre todo hay que procurar grabar más imágenes de las que tenemos en la cabeza y buscar detalles de la situación que quizá luego puedan ser de interés.

Cuando estés grabando procura que los planos tengan una duración mínima de cuatro segundos buenos de imagen. Es un mínimo que hay que asegurar. Puedes hacer un plano tan largo como quieras, pero siempre hay que tener un mínimo cuatro segundos buenos de plano. Eso sirve para poder editar bien las imágenes y que estas sean buenas. Incluso de un plano del que se haya planificado que sólo vaya a durar dos segundos, da lo mismo. Más vale que sobre que no que falte.

Pasar de la preproducción y la planificación a la producción

Algunas recomendaciones finales para el proceso de preproducción:

▶ La preproducción termina cuando la lista de 12 puntos y sus previsiones están completadas. Ello incluye la lista de planos a rodar y la escaleta inicial.

▶ La producción comienza cuando emprendemos las tareas que se han planificado en esa lista.

▶ Aquí toma especial importancia el tiempo. Debemos valorar el tiempo necesario para realizar cada acción. Tenemos que establecer una lista de momentos y sesiones en los que llevaremos a cabo la producción. No sólo las sesiones de grabación, también y sobre todo los pasos que hacen falta para conseguir todos los elementos necesarios para ellas.

En estas tres etapas de trabajo es necesario que trabajen estrechamente dos personas: el director/realizador del vídeo y el productor. El director, autor o realizador puede ser al mismo tiempo el operador de cámara (seguramente lo será, en un equipo pequeño). El productor conviene que sea otra persona, un amigo del realizador que se compenetre bien con él y tenga dotes de organización suficientes. Esa es la pareja ideal: un realizador creativo que sepa apoyarse en una buena organización y un productor con gran sentido práctico que sepa organizar toda la labor y proporcionarle una base sólida para que no tenga que preocuparse más que de la realización de las imágenes.

Claro que estamos hablando de una actividad de aficionados, de pequeños grupos de amigos o incluso de una sola persona. En este caso, el autor creador del vídeo deberá valorar sus capacidades y energía. Muy probablemente se plantee llevar a cabo una idea que no precise de una planificación tan elaborada. Todo lo que explicamos en este capítulo es un curso breve y simple de producción audiovisual amateur, que cada cual deberá adaptar a sus necesidades.

Es conveniente tener claras las características de la producción y su planificación que exponemos aquí para lograr algo muy importante:

▶ No dar palos de ciego.

▶ No darle vueltas continuamente a una idea sin llevarla a cabo.

▶ Evitar grabar unas pocas imágenes que acaben en un vídeo inconsistente y sin calidad y desanimarse para terminar abandonando.

▶ Ser conscientes de lo que tenemos que poner en juego para convertir nuestras ideas en realidades.

▶ Aprender a adaptar estas normas generales de organización de la producción al proyecto exacto que queremos realizar.

▶ Hacer que esta adaptación sea creativa, disfrutar al conseguir crear nuestro propio modo de producción audiovisual.

▶ Terminar siendo youtubers creativos, imaginativos, eficientes y capaces de realizar y difundir vídeos interesantes y de calidad.

Es muy importante tener claras las características de la producción y su planificación antes de llevar a cabo la filmación del vídeo.

Por tanto utilicemos todo lo aprendido hasta ahora a favor de nuestras verdaderas necesidades y utilicémoslos como base sólida sobre la cual establecer el trabajo real que queremos llevar a cabo.

> **Grabar un vídeo es un acto creativo del que podemos y debemos gozar. La producción es llevar a la práctica ese gozo.**

El tiempo de producción de un vídeo es el momento en que se disfruta más haciéndolo. Gozaremos si somos capaces de:

- Haber planificado la preproducción de manera suficiente.

- Hacer las sesiones de grabación con la tranquilidad que da poder apoyarse en la planificación.

- Volcar nuestra creatividad en el proceso de grabación, realizando lo que deseamos, incorporando nuevas ideas y posibilidades que aparezcan y abriendo paso a la creación improvisada.

- Grabar los planos y escenas de nuestro vídeo con una fluidez propia de los estados creativos que se encuentran en el fondo de la naturaleza humana. Una expresión de la acción creativa semejante a la de la interpretación musical o la expresión de la pintura o el dibujo.

Hay que tener en cuenta aquí la importancia del factor humano. Debemos decidir si nuestros vídeos los vamos a hacer en solitario o con otras personas. Si estas personas son amigos o gente próxima, o bien si se trata de especialistas que vamos a buscar para que colaboren con nosotros porque nos interesa contar con sus habilidades. En caso de que vayamos a hacer vídeos con otra gente, conviene que tengamos muy en cuenta que, en nuestro caso de youtubers que deseamos hacer vídeos para expresarnos, comunicar y relacionarnos, lo primordial es pasarlo bien haciéndolos. Si más tarde conseguimos éxito en YouTube y le sacamos dinero a nuestra afición, fantástico. Pero lo primero de lo primero es que el vídeo sea para nosotros una recreación agradable que nos produzca placer y nos enriquezca.

Conviene prestar atención al refrán «más vale solo que mal acompañado». Y también a la frase «quien tiene un amigo tiene un tesoro». Aconsejo empezar a experimentar primero en solitario, tomar el pulso al asunto y medirse uno mismo con el desarrollo de sus capacidades. Y luego incorporar a dos o tres amigos con los que estemos bien avenidos y nos resulte agradable estar.

Paso a paso vamos aprendiendo al mismo tiempo las técnicas, el empleo de la cámara, la utilización de los recursos de luz y de sonido, el despliegue de la producción, y con ello nuestro desarrollo personal con todo ello, las relaciones de colaboración con nuestros amigos y la resolución de los tropiezos con que nos vamos encontrando.

Tener en cuenta el factor humano es propiciar la fluidez creativa de las sesiones de grabación. No tiene sentido complicarse la vida con una organización y una técnica si sólo nos sirven para crearnos problemas y sufrir. Los problemas han de ser como los acertijos, propuestas estimulantes que estimulan nuestro talento. Lo que queremos al convertirnos en youtubers es poner a prueba nuestro talento y gozar con ello. Ese es el fondo de la cuestión central de la que trata este libro.

6

DE LA IDEA GENIAL AL PROYECTO AUDIOVISUAL

EL TALENTO Y LA CREATIVIDAD UNIDAS

Cómo decidir qué vídeos vamos a hacer y cómo convertir una intuición en realidad.

 Algunos secretos de la creatividad y de cómo adiestrarse en llevar una vida creativa en el campo de la comunicación audiovisual

Cuando yo trabajaba en una cadena de televisión pública una de mis tareas era la de jefe de proyectos. Por ese motivo cada día recibía a diversas personas que presentaban sus proyectos de programas para su posible producción e inclusión en la programación. Muchas de ellas se presentaban en mi despacho diciendo: «¡Tengo una gran idea!». Y yo respondía: «No necesito ideas, necesito proyectos». Esto les dejaba muy sorprendidos porque estaban convencidos de que habían dado con una idea genial que por sí sola tenía el potencial de ser un éxito televisivo, que solamente requería que unos profesionales y técnicos la llevaran a la práctica. La verdad es que en la vida surgen pocas ideas geniales así, en estado puro. Si es que surge alguna. La creación audiovisual es una creación colectiva, fruto del trabajo de un equipo profesional, que se

desarrolla gradualmente en colaboración. Hacen falta ideas, sí, pero sobre todo hace falta que una idea se corresponda con una necesidad y
que exista un proceso de hacer que una satisfaga la otra.

Las ideas son buenas si las acompaña un proyecto sólido que las
acompañe.

Teniendo en cuenta esto, ¿qué debe hacer el youtuber que desea
crear y difundir con éxito vídeos en YouTube, si no forma parte de un
equipo profesional semejante? Pues algo que está a su alcance: ponerse
en marcha, aprender, practicar, experimentar y tratar de traducir sus
ideas en imágenes. Lo que hace falta para triunfar en YouTube no es una
gran capacidad de perfección profesional sino autenticidad, espontaneidad, gracia, buen hacer y si es posible, talento y creatividad.

El problema es que el talento y la creatividad no se compran en la
farmacia. La ventaja es que ambos, en contra de la superstición popular,
no son únicamente una cualidad innata sino algo que se aprende, se
trabaja y se hace crecer. Y la creatividad videográfica es un medio maravilloso que nos permite desarrollarnos en forma de talento.

> **El talento se cultiva y se educa. La creatividad se
> aprende y se ejercita. Uno y otra crecen y se
> consolidan en la acción.**

Existe, además, un factor de ventaja, que es la juventud. Dando por descontado que el joven que desea convertirse en youtuber es un nativo digital criado en la cultura de la imagen, resulta que ese joven cuenta con la suficiente espontaneidad –y si se quiere, inconsciencia– para lanzarse al vacío y experimentar sin miedo.

Aquí está el secreto del asunto que tratamos en este libro. Todas las recomendaciones prácticas, instrucciones técnicas y consejos organizativos sirven aquí para dotar al youtuber de una base sólida que le permita equivocarse sin miedo, una y otra vez, y, eso sí, aprender de las equivocaciones.

Estas son las cosas que el youtuber principiante debe tener muy en cuenta en sus inicios:

- Ponte en marcha cuando tengas una idea pero no creas que esa idea es una idea genial; es un principio para empezar a trabajar.

- Equivócate todo lo que quieras pero aprende de tus equivocaciones. No importa repetir un error y equivocarte una y otra vez si al final aprendes.

- Lo importante es expresarse, disfrutar y aprender. El resto es una propina añadida.

- Al trabajar con método, orden y eficiencia en un hobby como este, estás practicando y creciendo para hacerlo en una tarea profesional que seguramente será diferente al hobby… o no. El esfuerzo y su resultado te serán útiles en todo caso.

- Las ideas no vienen solas, hay que ir a buscarlas. Las ideas surgen como las cerezas de un cesto: tiras de una y sale otra.

- Cuando te inicias en una práctica de expresión y comunicación, este hobby te lleva más allá del entretenimiento y se convierte en una manera de vivir. Disfruta de ese nuevo modo de vida.

- Una idea se convierte en realidad cuando sabes jugar con ella y al mismo tiempo la trabajas, del mismo modo como se amasa el pan, y le vas dando forma para que pueda ser llevada a la práctica.

▌ Lo que convierte una idea en realidad es su contraste con otras ideas, con el entorno en que esa idea debe florecer y con los medios prácticos que, de manera racional, hay que disponer para materializarla.

Quedémonos ahora con el último punto de esta lista. En él se encierra el secreto que hace que una intuición se transforme en una realidad tangible.

Pero no se transcurre de la idea al proyecto realizable únicamente mediante la mera aplicación de la racionalización y la planificación. Ahí se encuentra el segundo secreto. Es necesario que esa racionalización se lleve a cabo con la misma tensión creativa que la que ha dado origen a la idea. Es decir, que la ilusión que nos ha hecho el surgimiento de la idea se mantenga y se siga viviendo con alegría durante el proceso de concreción práctica.

Ilusión y alegría: en los manuales profesionales no suelen citarse estas palabras, y sin embargo, la vivencia de la experiencia alegre es imprescindible no sólo para gozar de un quehacer sino para que esa alegría se refleje en la vivacidad de los resultados.

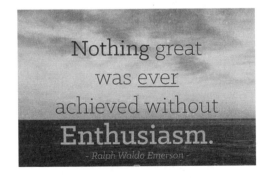

En los productos comunicacionales, sin excepción, lo que marca la diferencia en esa sensación que uno tiene de que algo le gusta o no le acaba de encontrar la gracia es precisamente el estado de ánimo en que se encontraban sus creadores cuando lo hicieron. En la comunicación, la alegría, motivación y entusiasmo cuando se realiza un proyecto se traspasa de una manera que parece mágica al estado de ánimo que el proyecto genera en sus receptores. Cuando una serie de televisión o un periódico nos empieza a parecer que no es ya como antes, que ha perdido algo que no se sabe qué es y que ha dejado de tener gracia, hay que tener por seguro que la gente que trabaja en él ha perdido, a su vez, el entusiasmo y las condiciones ambientales que una vez hicieron de su empresa algo vibrante.

El camino mágico y racional de la acción positiva y creativa

Esa magia que no se produce con técnica ni habilidad es el secreto del éxito de cualquier producto comunicacional. Esa magia surge de la motivación y de la ilusión, pero estas no surgen (únicamente) del llamado «pensamiento positivo», aunque es necesario que exista una actitud «positiva» de fondo que las genere. Esta actitud positiva se concreta en:

- Deseo de hacer una cosa, esa cosa determinada.

- Motivación que transforme en acción.

- Acción expresada en alegría.

- Alegría sostenida en la constancia y en la persistencia.

- Compartir esa alegría activa con otros.

- Permitir que esa alegría genere la ilusión de perseguir el resultado.

- Saber que hagas lo que hagas el resultado será positivo porque siempre está abierta la opción de aprender y progresar.

- Gozar del hecho de aprender y del proceso de aprendizaje.

- Comprobar cómo el aprendizaje, la acción, el proceso y el resultado expresan algo muy íntimo de ti, algo muy auténtico que dice qué eres y quién eres, lo instala en el mundo y te confiere identidad, personalidad, reconocimiento y autonomía.

Esta lista expresa y explica la realidad de la acción positiva, algo mucho más concreto y realista que el mero pensamiento positivo. Porque el pensamiento sin acción no es nada. El pensamiento positivo sin más es mera intención que puede quedar en nada. La acción positiva es algo que forma parte de la vida real, produce resultados tangibles, que podemos reconocer y cuando los reconocemos algo en nosotros cambia para bien. Y cuando otros lo reconocen nos confieren un reconocimiento que nos empodera y nos abre camino en la comunidad humana.

Vamos a explicar a continuación el modo de convertirse en una persona creativa. Hemos dicho que la creatividad se aprende y ejercita. Por consiguiente, haz esto:

Cómo generar la actitud creativa en la vida cotidiana

▶ Cada mañana, cuando te levantes de la cama, métete en el bolsillo tu pequeña videocámara o *smartphone* y un cuaderno de notas. No vayas a ningún lugar sin ellos.

▶ Cuando se te ocurra una idea, por absurda que sea, anótala en el cuaderno. Idea que no se anota se olvida y se pierde. Aunque sea una estupidez; los frutos ricos surgen del abono preparado con mierda.

▶ Toma imágenes de vídeo de lo que te llame la atención o te guste. Vence la pereza de sacar la cámara del bolsillo. Que no te importe parecer loco por ir filmando todo.

▶ De regreso a casa, vuelca las imágenes en tu ordenador y confecciona con ellas un archivo, que se convertirá en un banco de trabajo de imágenes. Establece un sistema de clasificación y un orden para poder buscarlas y hallarlas bien identificadas por temas.

▶ Cosas que deben ser anotadas además de las ideas espontáneas:

  ✓ Lugares que pueden ser localizaciones para grabaciones.

  ✓ Personas, personajes, actividades, situaciones que pueden dar origen a una grabación o vídeo.

  ✓ Objetos de formas atrayentes, cosas a las que se pueden atribuir significados, elementos de los diversos entornos que si aparecen en un vídeo marcan una diferencia. Un objeto puede encerrar el origen de una historia.

  ✓ Conversaciones entre amigos tuyos, opiniones o expresiones de ellos mirando a cámara. O bien su manera de moverse y actuar.

▶ Junto con el cuaderno de notas y el bolígrafo, lleva además por lo menos dos rotuladores o lápices de colores, preferentemente rojo y verde. Subraya, dibuja, incorpora garabatos, signos, recuadros, cualquier cosa que te ayude a elaborar esas ideas y transformarlas en otras ideas, quizás más elaboradas o mejor expresadas.

▶ Cuando tu banco de imágenes ya tenga cierta cantidad de breves vídeos, visiónalos con calma durante cierto tiempo y piensa si se te ocurre un posible vídeo a partir de ellas.

Esa cámara y ese cuaderno son tú, todo el tiempo, cada día. Ambos, día a día, van expresando y modulando lo que te interesa, te motiva, te ilusiona, lo que expresa tus deseos como youtuber.

Regresa ahora al capítulo 3 y vuelve a leer el recuadro «Aprende a mirar como un youtuber». Revisa el capítulo entero y toma notas en tu cuaderno sobre lo que, a partir de lo que ahora ya comprendes, podrías empezar a hacer mañana mismo.

Un aspecto a tener en cuenta es la naturaleza e intensidad de la motivación y la dedicación a la tarea del vídeo creativo. Probablemente alguien te diga que existe el riesgo de que, si haces todo esto, te obsesiones con este asunto. Es cierto, el riesgo existe. Pero forma parte de toda labor productiva dedicarse a ella con suficiente intensidad y tiempo como para obtener un resultado. Dice el refrán que «la práctica hace maestros». La característica principal de la flojera es hablar mucho y no hacer nada. Podrás ver que de entre tus amigos, la diferencia entre quienes consiguen éxitos y quienes no es que los primeros están dedicándose constantemente a la práctica que han escogido y los segundos hablan continuamente sobre ello pero no hacen nada. A ti te corresponde discernir entre la práctica persistente que conduce a la maestría y genera creatividad y la obsesión que produce neurosis y tensión angustiada. Por eso hemos hablado tanto de la alegría: es lo que marca la diferencia entre una cosa y otra.

La elección de un tema para hacer un vídeo

Seguir los consejos de la lista anterior sirve para ponerse en marcha y empezar por un punto que precisamente está a nuestro alcance inmediato; así no nos quedamos quietos en casa dándole vueltas a la cabeza sobre qué podríamos hacer. También de este modo vamos acostumbrándonos a generar la mentalidad creativa práctica: todo nos es útil, de todo sacamos ideas y sugerencias, nada dejamos aprovechar y todo lo convertimos en material del cual sacar petróleo.

Una vez ya hemos entrado en esta sintonía, podemos ponernos a buscar un tema para hacer un vídeo. Seguro que después de haber hecho todo lo que hemos explicado ya tienes tema o idas para dos o tres de ellos. Hay muchos caminos para empezar a seleccionar un tema, pero este es uno de ellos que resulta seguro:

> Ve ahora al capítulo 2 de este libro y revisa el apartado «Temas, géneros, experiencias y estilos más comunes en YouTube». Si es necesario, hazlo visionando en YouTube los ejemplos explicados o los que encuentres, seleccionando los que creas signficativos.

> Piensa con cual de todos esos apartados te sientes más identificado, qué tipo de vídeos de todos ellos te gusta más, con qué simpatizas.

▶ De la clase de vídeos que más te gusta, ¿qué tipo de vídeo te apetecería más hacer en este momento?

▶ Una vez identificado el tipo de vídeo que más te motiva, imítalo. Imitar no es copiar. Imitando practicas la asimilación de habilidades útiles para hacer algo como lo imitado (los niños aprenden a hablar observando e imitando).

▶ Compara la imitación que has hecho con el original imitado. Lo tuyo no es tan bueno como lo que has imitado... pero es tuyo. Lo has hecho tú, has puesto en práctica tus capacidades.

▶ Ahora desmárcate de la imitación y prueba a crear algo original de ese mismo género. Intenta algo diferente.

Antes de ponerte a preparar el nuevo vídeo, esta vez original, vuelve al capítulo 2 de este libro y relee el recuadro titulado «Cómo pasar de ser un simple espectador a pensar como un realizador». Haz ahora las reflexiones que allí se indican con los dos vídeos anteriores, el vídeo imitado y tu imitación. Saca conclusiones de ello y prepara tu producción. Cuando termines el vídeo verás que queda mucho mejor.

Esta práctica de imitación, reproducción, comparación y rectificación ha hecho que pongas en juego tus cualidades de raciocinio práctico y los procesos de aprendizaje y despertar de la intuición que el proceso conlleva. Es imposible que una vez hecho esto no hayas aprendido nada. Has dado un paso adelante. Ahora tienes que ir más allá.

Para avanzar debes recapitular algo que ya sabes. Ve al capítulo 3 de este libro y revisa el recuadro titulado «Consejos para aprender a mirar como un youtuber». Luego mira, en este mismo capítulo, el apartado titulado «Cómo generar la actitud creativa en la vida cotidiana». Fotocopia ambas listas. Siéntate ante el ordenador con ambas fotocopias a la vista y haz tu propia lista orientativa: adapta todo lo que en esas dos listas se recomienda a tu situación, personalidad y necesidades. Descarta aquello que no te sirva o con lo que no estés de acuerdo. Dale forma a tu propia guía de acción metódica. Crea una guía breve que te sirva de orientación para funcionar cada día, día a día, en clave de creatividad práctica. Haciendo esto llevas a cabo un acto de creatividad realista: estás generando tu propio método, el tuyo y no un patrón general e impersonal, útil para hacer lo que ahora tienes que hacer: dedicarte cada día a desarrollar tu capacidad de visión y acción propias de un youtuber.

Llegará un momento que esta guía personal que has confeccionado deberá ser también abandonada. Te habrá servido de ayuda para llevar a la práctica, de manera gradual, las acciones y cualidades que te permitirán ser un youtuber creativo. Pero es como las dos ruedecillas que se añaden a la rueda trasera de la bicicleta de un niño cuando quiere aprender a montar en ella; útil para comenzar y perder el miedo a pedalear, descartable cuando uno ya circula solo en rueda libre.

Comienza entonces la tarea principal: construir tu propia personalidad creativa, de la que surge tu estilo propio que caracteriza lo que haces. Esa personalidad es fruto, en primer lugar, del proceso de aprendizaje de la creatividad práctica que hemos descrito aquí. En segundo lugar, de la combinación entre tus dotes naturales y de lo que has aprendido durante este proceso. Y en tercer lugar, de las elecciones y decisiones que tomes respecto a los vídeos que deseas producir. Una opción u otra te llevarán por caminos distintos, y a ti te corresponde decidir por cuál quieres transitar.

7

EDICIÓN Y POSTPRODUCCIÓN

LA COCINA DONDE SE CUECE EL RESULTADO FINAL

El arte del montaje audiovisual o cómo construir una narración significativa y atractiva

> *El montaje de audio y vídeo y la edición final de la producción es el modo como el youtuber imprime su sello personal como autor y creador.*

Todo el trabajo de producción y grabación de un vídeo resulta inútil sin el proceso de edición. Y si la edición es defectuosa o fallida, el producto queda frustrado o deficiente. Hasta la edición, todo lo que hemos hecho es conseguir ingredientes para confeccionar un plato, prepararlos y disponerlos adecuadamente. Pero falta llevarlos a la cocina, que es donde los elementos que componen el plato confluyen y se combinan para producir un resultado comestible. El proceso de postproducción del vídeo es la cocina: sin él solamente tendríamos imágenes y sonidos, pero ninguna narración. Postproducción es editar un vídeo, es montar las imágenes con sus correspondientes sonidos, añadiéndoles ciertos efectos, y obtener con ello una narración audiovisual. A la postproducción, los profesionales la llaman coloquialmente «pospo» y existen empresas o pequeñas productoras especializadas que solamente se dedican a la tarea de postproducción de audiovisuales producidos previamente por otros.

En el capítulo 4 tienes enlaces para descargar los dos programas de edición más populares, Movie Maker para Windows e iMovie para Mac iOS. Si vas de nuevo a esas páginas verás que te recomendábamos tres cosas:

▷ Dar un primer vistazo al tutorial escrito para hacerte una idea de la estructura de la herramienta.

▷ Visionar los videotutoriales para ir viendo paso a paso como funciona cada aspecto del programa. Tener al lado el tutorial escrito para hacer en él notas con indicaciones y subrayados, destacando y priorizando los puntos que quieras trabajar.

▷ Hacer una primera práctica de edición de fotografías, imágenes fijas, realizando con ellas un clip en movimiento.

Se supone que ya has hecho todo eso. Lo que toca ahora es descubrir el editor y aprenderlo a fondo. Descubre:

▷ La estructura general sobre la que se asienta el montaje en su desarrollo en el tiempo; la línea de tiempo o sucesión de *frames* que acabará de dar forma al vídeo completo.

▷ El modo de incorporar imágenes a esa línea una vez capturado el vídeo.

▷ Las transiciones y los efectos disponibles, escogiendo los que te resulten más útiles y los que te parezcan más agradables.

▷ Los medios de edición de audio, las posibilidades de grabación de voz durante el montaje y el añadido de sonido adicional de fuentes externas (música de fondo o efectos sonoros, por ejemplo).

En este proceso, una advertencia. Una cosa son las transiciones y otra los efectos. Los efectos son artificios que modifican las imágenes de acuerdo con determinadas opciones visuales o estéticas. Las transiciones son ligeros efectos o movimientos que facilitan al ojo el tránsito de una escena o plano a otra, propiciando la sensación de continuidad de movimiento para evitar la impresión de que el vídeo avance a saltos.

Empezando a aprender cómo se edita

Cuando editas un vídeo y pones las imágenes una al lado de la otra es lo que se llama un corte directo, el modo más sencillo de montaje. Pero en los vídeos más elaborados, en las películas y en cualquier producto audiovisual profesional se utilizan las transiciones por el motivo antes indicado y porque enfatizan la sensación de continuidad. Ello se debe a que las transiciones (también llamadas efectos de transición) suavizan el salto de una imagen a otra.

Hay dos aspectos fundamentales que debemos tener en cuenta como punto de partida elemental a la hora de empezar a editar un vídeo, por lo que respecta a la continuidad y el flujo de la narración:

▶ Tener en cuenta la longitud de cada plano.

▶ Tener en cuenta la longitud de cada secuencia.

Editar un vídeo no solamente es montar las imágenes que hemos grabado. Como hemos dicho, se trata de dar forma a una narración; es como una interpretación musical. Pues bien, las imágenes grabadas se expresan en planos, y estos tienen una duración determinada en la grabación original. Al editar deberemos decidir cuánto deseamos que duren exactamente, en el marco de la escena o secuencia en la que se integran.

Lo mismo deberemos hacer respecto a las secuencias obtenidas en el montaje de planos. Cada secuencia es como una frase musical en una canción: ¿cuánto debe durar cada frase y cuál es el equilibrio de las frases en la totalidad de la canción? Equilibrio no quiere decir que duren igual, no es lo mismo tocar una balada que heavy metal.

Por eso es probable que los primeros vídeos que edites te salgan «a trompicones». Da igual, practica una y otra vez. En este momento será cuando necesitarás, y te darás cuenta de ello, volver a visionar los vídeos, series y audiovisuales que sueles mirar, y hacerlo teniendo en mente:

▶ La duración de planos y escenas y el equilibrio general del vídeo.

▶ El tipo de transiciones, el lugar en que se insertan y la cantidad total utilizada.

Como seguramente recordarás, dijimos al principio del libro que la mirada se educa. Ahora lo puedes ver y sentir por ti mismo. Y esa educación, además de espontánea, es consciente y deliberada, como en el caso de este tipo de visionados. Practicando así, luego regresas al montaje habiendo mejorado.

No debería importarte pasar tiempo practicando de este modo, aprendiendo el funcionamiento de la herramienta y despejando dudas. Es una habilidad técnica y artesanal y por tanto requiere paciencia y constancia para que llegue a ser dominada. Aquí te espera una decepción parecida a cuando creías que para hacer un vídeo bastaba con salir a la calle con la cámara y empezar a grabar. Ahora tienes que llegar a dominar la edición y sus instrumentos y, nuevamente, te das cuenta de que no se trata de adquirir competencias técnicas sino de entrenar tus sentidos: el sentido de la narración, de la sucesión de imágenes con sonido para formar un todo coherente del que resulte una narración.

Estructura de la sesión de edición

Una vez concluidas las prácticas, habiendo experimentado con todas las técnicas y recursos y después de haberte equivocado muchas veces y rectificado otras tantas, llega el momento de montar tu vídeo. Estos son los pasos principales del proceso de montaje.

1. Captura de las imágenes grabadas.
2. Selección de los planos.
3. Aplicación de las transiciones.
4. Montaje de cada secuencia.
5. Montaje de las secuencias obtenidas.
6. Aplicación de los efectos.
7. Introducción de rotulación, si cabe.
8. Introducción de sonido adicional.
9. Revisión y edición de audio.
10. Repaso y retoques finales.

A esta edición se le llama primer corte, y aunque parezca definitiva probablemente no lo sea. Tendrá que ser sometida a una fuerte crítica, prestando especial atención a lo que hemos indicado respecto a la duración y tiempos, y a la adecuación de las transiciones y los efectos.

Hay que dosificar con cuentagotas los efectos, y lo mismo las transiciones, por más suaves que sean, como por ejemplo fundidos. Un vídeo repleto de efectos parece el trabajo de fin de curso de un colegial o una muestra alocada de exhibicionismo técnico. Los efectos nunca mejorarán un vídeo mal escrito, producido o editado; los efectos son un elemento más que debe ser coherente con la totalidad del vídeo y estar al servicio de una cosa y solamente de una: que la historia que contamos se entienda bien, que la narración fluya y que el flujo de las secuencias dé una sólida sensación de continuidad y unidad.

A la hora de ponerse a editar hay que proveerse de dos elementos ya descritos en capítulos anteriores:

> La escaleta final.

> La lista de planos grabados en total.

La primera nos indica el camino a seguir: cómo deseamos que quede nuestro vídeo en su resultado final, con la duración de cada escena. La segunda contiene la totalidad del material grabado y lo que dura cada plano, de modo que no vamos a ciegas sino que podemos trabajar con tiempos de duración concretos.

A partir de aquí se verá que el trabajo de edición consiste básicamente en:

> Explicar una historia mediante unas imágenes que se siguen unas a otras, y que ese transcurso produce un efecto de acción dramática, es decir, nos da la impresión de que sucede algo, algo que tiene significado para nosotros.

> Ir ajustando la duración de los planos y de las secuencias, de modo que esas duraciones proporcionen la sensación de acción dramática y ritmo.

> Dosificar y combinar cortes directos, transiciones y efectos.

> Pulir y equilibrar sonido, añadir cortes de sonido si cabe.

Pero toda esa labor tan sucintamente resumida es en realidad tu trabajo personal como autor y creador videográfico. El verdadero youtuber se revela en el proceso de montaje, al dar la forma definitiva de lo que un día ideó y ahora tiene dispuesto para ser llevado a la realidad. No es una labor mecánica de montaje y ajuste sino la realización creativa final de la obra. Por ello debe expresar y llevar impresa la personalidad del creador, contar lo que este ha querido narrar y constituir una pieza distinguible de otras.

Hay que equilibrar el proceso de corrección, enriquecimiento y modificación del primer corte hasta llegar al corte final. Debe evitarse tanto la poca exigencia como el perfeccionismo; para ello hay que diferenciar las correcciones de los errores o insuficiencias de los retoques aplicados con mentalidad un poco neurótica propia de una personalidad siempre insatisfecha. Avanza mediante un segundo corte o incluso un tercero pero no te pierdas en una serie inacabable de retoques. Tómate tu tiempo para decidir cuándo el corte se parece ya a lo que deseabas y si refleja tu intención y tu personalidad creadora.

Una estrategia de base para la edición

Visionar todas las imágenes para tener una visión de conjunto del proyecto

A la hora de editar es necesario que antes de ponerte a montar debes visionar todas las imágenes que has grabado, aunque sea por encima y rápido. Esto te ayudará a tener una visión más global de todo el material del que dispones, y te permitirá superar una limitación inconsciente: que la fragmentación que expresan las escaletas y guiones deformen la visión de tu proyecto, haciendo que pienses en él, sin darte cuenta, de forma fragmentada y parcial.

Probablemente al ver todas las imágenes se te ocurra un nuevo principio para el vídeo, una nueva estructura o una nueva idea. De hecho, lo primero que debes hacer al poner las imágenes en el Imovie o en Movie Maker es mirártelas todas. Luego ya valorarás si sigues a rajatabla lo estipulado en la escaleta o varías algunas cosas. Siempre tienes que estar dispuesto a modificar cualquier cosa, a rectificar o replantear tus planes. Incluso a empezar de nuevo y rehacerlo todo.

Debes tener en cuenta

Sumar y restar minutos y segundos

Parece algo ya sabido, pero hay gente que lo olvida y luego se hace un lío. Al operar con la escaleta final y la lista de planos rodados, estamos trabajando con duraciones de fragmentos de vídeo expresadas en tiempo. Por tanto, estaremos todo el rato sumando y restando minutos y segundos. Como el tiempo cronológico se expresa en valores sexagesimales, no sumamos ni restamos como lo hacemos habitualmente, es decir, en lógica decimal: de diez en diez, y cuando la cuenta llega a 99, el 100 ya es una unidad del grupo digital siguiente. Aquí hemos de tener en cuenta que cuando sumamos segundos, del segundo 59, al pasar al 60 ya saltamos al grupo siguiente de los minutos, que si eran cuatro ahora serán cinco y el contador de segundos volverá al cero. Lo mismo para las restas, en disminución. Hemos de pensar sexagesimalmente y saltar de minutos y segundos al paso siguiente al llegar al 59. Hay calculadoras que funcionan en sexagesimal, aunque conviene acostumbrarse a hacerlo mentalmente para poder hacer las anotaciones en la escaleta y la hoja de edición final que utilicemos.

Algunos recursos y consejos sobre audio

La edición del audio de tu vídeo merece una atención especial. Como hemos dicho en otro punto de este libro, todos están tan pendientes de las imágenes y su calidad que olvidan que es el sonido lo que confiere definitivamente la vida y la presencia a un producto audiovisual. Un vídeo con un sonido cuidado y bien editado siempre destacará por encima de cualquier otro que pueda tener quizás mejores imágenes pero cuyo sonido sea deficiente o mediocre.

Movie Maker y iMovie vienen equipados con editor de audio, que permite procesar y montar el sonido que incorporan las grabaciones de vídeo y también admitirlo desde otras fuentes externas: algún efecto de audio pregrabado, (voz en off). Pero es muy conveniente proveerse de un editor de audio independiente, con el que deberíamos procesar aparte el audio del vídeo y editar los sonidos de recurso o voces. Con un programa independiente podremos también quitar ruido de fondo, equilibrar volúmenes y tonos, etc., de modo que luego podamos incorporar al montaje del vídeo el audio procesado con anterioridad.

Un programa de edición de audio sencillo y muy eficaz es Audacity, Puedes descargarlo aquí:

http://audacity.uptodown.com/

Un tutorial muy completo y didáctico para Audacity:

http://www.jesusda.com/docs/ebooks/ebook_tutorial-edicion-de-sonido-con-audacity.pdf

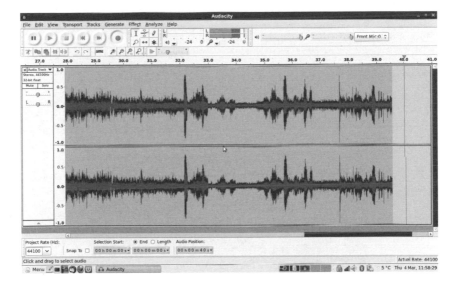

Opera aquí con la ayuda de tu especialista en sonido, déjate aconsejar y aprende de sus habilidades. Y si eres tú mismo el encargado del sonido, preocúpate de haber hecho el correspondiente aprendizaje de las herramientas de edición de sonido paralelamente al de las de edición de vídeo. No le escatimes tiempo a ejercitarte en capturar y editar sonido, el dominio de esta técnica te sacará de más de un apuro a la hora de solucionar problemas relativos a insuficiencias o defectos de sonido que sólo aparecen en el proceso de edición final.

Rótulos y títulos de crédito

Aunque los vídeos son para mirar y no para leer, en algunas ocasiones tendrás que ponerles algún tipo de rótulo. Estos rótulos pueden ser:

 ▌ Descriptivos. Para identificar un personaje, un lugar, para subrayar algo que debe ser tenido en cuenta.

 ▌ Parte de la acción. Elementos escritos que se incluyen en lo que sucede en el vídeo: letreros escritos a mano que se muestran a la cámara, animaciones, etc.

 ▌ Títulos de crédito, o rol de las personas que han intervenido en la producción.

Los programas de edición de vídeo vienen provistos de elementos de rotulación pero hay que descartar de ellos algunas tipografías demasiado vulgares o pasadas de moda. No hay que dudar en recurrir a otras fuentes tipográficas y editarlas aparte, para incorporarlas luego en el proceso de edición como imágenes capturadas.

Los rótulos de un vídeo son muy importantes, y tienen diversas funciones: descriptivos, ser parte de la acción o bien formar parte de los títulos de crédito.

Consejos sobre la rotulación:

▷ En primer lugar y siempre: las letras deben ser legibles al primer vistazo. El vídeo corre deprisa y no puedes perder tiempo en exponer los rótulos largo rato para que sean leídos.

▷ El estilo tipográfico debe ser coherente con la estética general del vídeo.

▷ Una sola falta de ortografía echa a perder todo el vídeo. No dudes en asesorarte con alguien que domine perfectamente el idioma y haga una corrección previa de toda la rotulación.

▷ Cuidado con los colores. Vigila el color de la letra y el color del fondo en el que debe ir sobreimpresa, para que el rótulo sea legible pero a la vez que no haya contrastes feos (a no ser que se trate de un vídeo alocado, terrorífico o punk que busque deliberadamente efectos de feísmo).

▷ Los créditos deben incluir a todas las personas que han participado en el vídeo. De bien nacidos es ser agradecidos, y con ello compensas a quienes te han ayudado desinteresadamente. Es imprescindible acreditar los autores de fotos, músicas o cualquier obra que aparezca en la grabación.

El apartado de la rotulación es también un campo para la creatividad. Usa tu inventiva y emplea técnicas de animación fotograma a fotograma y de collage. Puedes escribir los rótulos a mano y luego filmarlos e incluso darles efectos de animación. También puedes colocar o pintar rótulos sobre superficies que formen parte de la escena e integrarlos en ella. Incluso pueden figurar sobre objetos que aparezcan en los planos, estáticos o incluso en movimiento. Hay mucho que desarrollar aquí, y aplicando la imaginación conseguirás cierto toque de creatividad y dinamismo.

Hay que pensar también en estos términos al crear los títulos de crédito. Unos créditos que transcurren en scroll y en negativo sobre un fondo negro no los mira nadie. Inventa también aquí algo original y divertido. Podría incluso tener el mismo estilo y formas parecidas que la rotulación inventiva que has usado en el cuerpo del vídeo.

8

DIFUNDIR TUS VÍDEOS EN LA RED

CREA TU CANAL EN YOUTUBE Y DATE A CONOCER

Estrategias de promoción y creación de la marca personal del youtuber

Ha llegado el momento decisivo: subir tu vídeo a YouTube y empezar a difundir tus trabajos en esta red. Antes de ver otras cuestiones, estos son los pasos que hay que seguir:

1. Empieza por tener terminado un vídeo que hayas hecho, que consideres publicable y que cumple los niveles de calidad deseados. Que sea representativo de lo que quieres hacer y de tu personalidad o de tu labor.

2. Abre una nueva cuenta en Google, aunque ya tengas una. Al abrirla tendrás igualmente cuenta en YouTube.

3. Crea tu propio canal en YouTube.

4. Configura el nombre del canal. Debe ser un nombre corto, fácil de recordar y a ser posible que defina el tipo de vídeos que encontraremos en él.

5. Redacta la descripción del canal. En él explicaremos de qué trata nuestro canal. Hay que tener en cuenta que las primeras lí-

neas del texto son las que YouTube empleará para posicionarnos en las búsquedas. Hemos pues de introducir al principio las palabras clave más relevantes para nuestro canal. Por ejemplo: «Música, videoclips y *lyric videos*, reportajes de nuevos grupos musicales y novedades discográficas».

6. Selecciona un icono que ilustre la ficha del canal. Debería ser un icono cuadrado que sea representativo de nuestra identidad o del contenido. Si hay texto, que sea una palabra o unas pocas, porque no se leerá bien el texto en un tamaño tan pequeño.

7. Escoge un diseño. Tener en cuenta que la imagen pueda visualizarse tanto en la web como en dispositivos móviles. Existe la posibilidad de incorporar enlaces a la imagen. Cuidar que el fondo sea sencillo para que se adapte a todos los dispositivos.

Una vez hecho esto ya tenemos nuestro flamante canal a punto de difundir nuestro vídeo y los que lo seguirán. Hay que tener en cuenta, en el momento de subir los vídeos, que no solamente se trata de colgarlos en la red y esperar a que los vean. Para que puedan ser vistos es necesario que sean optimizados para la búsqueda recurriendo al posicionamiento correcto para buscadores (SEO, es decir Search Engine Optimization). Para ello hay que atender a ciertas medidas y estrategias.

Estrategia de optimización y posicionamiento

Optimizar un vídeo en YouTube quiere decir dotarle de los elementos identificativos necesarios para que los motores de búsqueda de la plataforma y de Google pueda indexarlo lo mejor posible. De este modo podrá aparecer en los primeros lugares del resultado de la búsqueda y que pueda aparecer en la lista de vídeos sugeridos cuando alguien haga una búsqueda relacionada con los temas a los que nuestro vídeo se asocia. La optimización también es útil respecto a la publicidad, pues los anuncios que se insertan en YouTube aparecen en los vídeos que tienen relación con las palabras clave escogidas por el anunciante. De este modo, las palabras clave con las que opera el motor de búsqueda relaciona las etiquetas que hemos asignado a nuestro vídeo con las que corresponden a un tema de publicidad. Todo ello potencia la difusión de nuestro vídeo más allá del interés concreto que pueda despertar. Necesitamos:

▶ Poner un buen título al vídeo, pensar bien cuál va a ser. No basta con una palabra indicativa o una frase cualquiera. El título debe describir bien el contenido del vídeo e incorporar palabras clave que ayuden a su tematización, pues YouTube utiliza el título de los vídeos para buscar en ellos las principales palabras clave.

▶ Redactar una descripción basada en las palabras clave. Debe ser breve y muy concisa respecto a esos conceptos a partir de los cuales funcionan las búsquedas. Los motores buscan en ellos una vez lo han hecho en los títulos. No hay que perderse en rodeos ni escribir cosas ingeniosas o graciosas, sino descripciones claras con palabras clave concretas. Vale la pena que este texto explique también de qué va nuestro canal: quien encuentre nuestro vídeo por casualidad o a partir de una búsqueda verá así que tenemos más material que podría interesarle, y de este modo saltará del vídeo determinado al canal. Tener en cuenta que las primeras líneas de la descripción son decisivas, pues es allí a donde irá el ojo de quien lo lea y el motor de búsqueda.

▶ Añadir enlaces que potencien nuestra presencia e imagen: enlaces a nuestro blog, a las cuentas de nuestras redes sociales, a otros vídeos relacionados y a cualquier material que tengamos en la red que pueda interesar.

▶ Elegir la miniatura o *thumbnail*, un pequeño cuadro con un fragmento del vídeo o bien una portada diseñada especialmente a tal efecto. Ha de llamar la atención y ser descriptiva a un solo vistado del contenido del vídeo.

▶ Añadir etiquetas y metadatos. Además de las palabras clave en título y descripción podemos añadir diversas etiquetas definitorias del estilo del vídeo, protagonistas, centros de interés, etc.

▶ Poner anotaciones en el vídeo. Es posible añadir encima del vídeo, en algún punto de la grabación, mensajes de texto que
pueden ser también enlaces a otros sitios web. Sirven para pedir
que se suscriban a nuestro canal, anunciar el próximo vídeo que
vamos a publicar, conducir a nuestra web o incluso introducir
efectos de interactividad con los espectadores. En este último
caso hemos de pensar qué deseamos hacer exactamente, qué les
vamos a proponer, con qué materiales y con qué propósito.

Estrategia de promoción y difusión

Una vez cumplido el proceso descrito y tomadas todas las medidas para
la optimización del vídeo y su posicionamiento SEO debemos planear
una estrategia de promoción y difusión del vídeo y del canal. Esto no
nos lo proporcionan los motores de búsqueda sino que debe ser una
acción deliberada, pensada y llevada a cabo por nosotros mismos según
los objetivos que nos propongamos.

Tener un canal en YouTube significa disponer de una visibilidad
potencial enorme, pero este potencial no se hará realidad si no te mue-
ves para conseguirlo. La labor para conseguir difusión debe responder
a una estrategia basada en los puntos siguientes.

▶ ¿Qué quieres hacer, qué deseas comunicar, de qué manera?

  ✓ Cuando empieces a producir tu primer vídeo ya debe-
    rías estar pensando en esto. Y cuando lo subas a tu canal
    de YouTube lo tendrías que tener clarísimo. Hay muchí-
    simos vídeos y materiales muy diversos en internet y tú
    has de buscar tu lugar ahí, con vídeos que respondan a
    tus objetivos. Seguro que tal como vayas progresando te
    irás perfeccionando en esa definición y en el perfil de tu
    personalidad videográfica, pero has de partir de un
    punto determinado.

▶ ¿A qué público deseas llegar, con quién vas a comunicarte, qué
gustos tiene ese grupo y cuáles son sus características?

✓ No todos los públicos gustan de las mismas cosas; no todo lo que hagas gustará a todos necesariamente. Has de buscar un público, un nicho o *target*: un sector concreto de gente que sea la audiencia natural para tu vídeo, las personas con quien más fácilmente puedas conectar.

▶ Promociona tus vídeos entre los públicos potencialmente objetivos.

✓ A pesar de la tarea de los motores de búsqueda, debes empujar tú personalmente tus vídeos en busca de audiencia. Difunde los enlaces en las redes sociales; publica artículos sobre ellos en los blogs; pon incluso publicidad en YouTube si te es posible. Envía correos electrónicos avisando a tus amigos de que el vídeo está disponible y qué puntos de interés tiene para que lo vean. Y recurre con moderación al envío de emails más allá de tu gente más próxima porque esto podría ser considerado una promoción invasiva e intempestiva y por tanto causar el efecto opuesto al deseado. No sería mala idea crear un blog en el que se reprodujeran los vídeos que tienes en YouTube junto con materiales relacionados que amplíen su temática o la complementen, y así disponer de una plataforma también propia que adjuntar al canal de YouTube para que se enlacen mutuamente.

▶ Sé regular en la publicación y cuida a tus suscriptores

✓ Si quieres que tu canal sea un proyecto sólido y potente, plantéate el ritmo de publicación de vídeos en él. Decide una periodicidad que sea adecuada para ti y cúmplela. Mantén informados a tus suscriptores de las novedades y haz lo mismo con quienes te siguen por las redes sociales.

Creación de marca personal

La marca personal es un concepto de gran interés que cada vez cobra más importancia en internet. No se trata de autobombo o de marketing sino de algo más delicado: decidir y trabajar la manera como te muestras a ti mismo, lo que comunicas y los valores que se asocian a lo que haces y difundes.

Tu canal de YouTube es tu medio de comunicación pero mucho más: es el punto desde el que conectas con la sociedad. De ésta se destaca una determinada comunidad humana que va a tu encuentro atraída por tus vídeos. Si conectas con tu público, esas personas verán tus vídeos, pero detrás de ellos estás tú. Lo que hagas, lo que difundas, lo que expreses, todo ello habla de ti, de quién eres, de lo que piensas y sientes y de lo que crees. Un comunicador comunica en última instancia su propia personalidad: se comunica a sí mismo.

Al acceder a YouTube y a la red buscas expresarte y ser conocido. Pero no basta con ser conocido, hay que ser reconocido. Ser reconocido quiere decir que lo que haces interesa y la persona a quien le ha interesado aprecia lo que de valioso le has comunicado. Su actitud entonces es de reconocimiento hacia ti: proyecta sobre tu persona los valores y elementos positivos que ha visto en el vídeo. Expresas lo que eres, y eso que has comunicado acaba siendo tú. Existe una regla no escrita que está en el centro del quehacer humano en cualquier dimensión social: lo que haces te hace. Tu marca personal eres tú en acción: tú y lo que haces cuando es visible en públicos muy amplios.

> *Tu marca personal no es marketing ni promoción. Tu marca personal eres tú comunicando con autenticidad con tu gente.*

Todas las estrategias de difusión y promoción que te hemos explicado aquí apuntan a una cosa y solamente a una: a que mediante la popularización de tus vídeos tu personalidad sea visible en el mundo. Que obtengas conocimiento y reconocimiento. No es cuestión de ser famoso, ponerse de moda u obtener popularidad sino de algo más importante todavía. Se trata de que al producir vídeos de calidad e impacto y de comunicar con ellos a los sectores de público que mejor pueden sintonizar contigo estás haciendo una cosa fundamental en la vida de una persona: construirse uno mismo tanto individualmente como socialmente.

Oh, pero es que yo lo que quiero es divertirme y que vean lo que hago, dirás. Pues claro, de eso se trata. Jugar y divertirse con el juego es tan importante como el trabajo. Lo verdaderamente importante es, sin embargo, tu vida. Y la vida de una persona se forma jugando y trabajando, experimentando con sus aprendizajes y descubrimientos, con sus cualidades innatas y sus habilidades aprendidas. Lo que haces te hace. ¿Quién deseas ser en realidad? Deseas ser tú. Pues sé tú mediante la creación y difusión de vídeos, vídeos buenos, interesantes y comunicativos. Haz y serás.

Tus estrategias de difusión deben ir asociadas a la construcción de tu imagen personal. Empieza por decidir cómo deseas ser visto y por tanto qué tipo de cosas haces, cómo las haces y qué haces con ellas.

- Opta por una especialización (vídeos musicales, tutoriales, videojuegos…) o por algunas de ellas que puedan estar próximas unas a otras (música y deporte, videojuegos y software…). O bien no te especializas y haces lo que te viene en gana.

- Adopta una imagen personal concreta. Una imagen personal no quiere decir presentarte como lo que no eres. Podrías dar forma a un personaje entre la realidad y la ficción, un avatar y un pseudónimo; eso también sería una imagen personal, definida por el personaje que interpretas. Decide quién quieres ser en YouTube.

- Mantén una relación de coherencia entre tu personalidad o personaje y los vídeos que difundes. El público deberá asociar tu imagen a tu producto.

- Sé original y haz lo que mejor sabes hacer. La imitación de otros solamente te sirve cuando empiezas a aprender y como ejercicio privado. Ser original no quiere decir (necesariamente) ser raro. Es hacer lo que los otros no hacen, o que otros hacen pero tú lo haces mejor. Observa tu entorno youtubero y piensa cómo marcar la diferencia. No te fuerces a hacer algo que no te sale, deberás encontrar el equilibrio entre lo que sabes hacer, lo que haces mejor que nadie y lo que mejor expresa lo que tú eres.

 ▶ Sé real y auténtico. Si quieres, créate un personaje pero no te inventes una historia. Ese personaje es un juego para divertirte con tu público, para jugar al juego que propone el personaje, pero no debes simular ser él ni tomártelo en serio. Es un juego comunicativo. Tu autenticidad te la confiere la solidez y calidad de tus vídeos.

 ▶ Interactúa con la gente que te sigue. Agradece los comentarios y responde a sus mensajes siempre, aunque sea en privado.

 ▶ Alégrate con los mensajes y las reacciones positivas y no hagas caso de los comentarios destructivos. No busques el reconocimiento pero valora que se te reconozca lo que haces bien. Toma nota de las equivocaciones que te indiquen y piensa si te sirven para mejorar.

 ▶ Apúntate a los grupos de Facebook que traten los temas de los que tratan tus vídeos. Interactúa con sus miembros y difunde allí tus vídeos sin hacerte pesado.

 ▶ No busques ser famoso ni tener muchos suscriptores, no te angusties pensando que no te llega rápido el éxito que deseas. De hecho, no debes desearlo sino dedicarte a hacer lo que tienes que hacer. Eso es un éxito, sobradamente. Cuando llega el público y aparecen los fans, tanto mejor: disfrútalo antes pero no te lamentes cuando todavía no han llegado.

 ▶ No te obsesiones por conseguir grandes audiencias ni por ganar dinero. Pero analiza los resultados de la difusión de tus vídeos.

Análisis de resultados y monetización

Una cosa es obsesionarse por las cifras de audiencia que puedas obtener y otra el interés por averiguar de qué modo los resultados de tu labor alcanzan al público. Para realizar estas mediciones YouTube cuenta con una poderosa herramienta, YouTube Analytics, un *software* de medición de audiencias creado por Google, que te proporcionará las estadísticas adecuadas.

Mira qué es YouTube Analytics y como funciona:

https://support.google.com/youtube/answer/1714323?hl=es

Obtendrás cifras y estadísticas sobre el número de visitas de cada

vídeo, del número de suscriptores que hemos ganado, así como segmentar estas cifras así como las de los me gusta y no me gusta. Verás datos demográficos de las visitas y sus edades y ver las veces que se ha compartido un video. Hay además cálculos referentes a ingresos conseguidos por los vídeos en caso que hayas optado por su monetización. En suma, podremos conocer el público de nuestro canal, su edad, sexo y procedencia y los contenidos que más les gustan.

Esos datos nos son útiles para comprobar si:

▶ El tipo de público que obtienes es el que buscabas.

▶ Existe un nivel de satisfacción suficiente o explícito respecto a tus vídeos.

▶ Obtienes un público que no esperabas y que podría interesarse por contenidos diferentes.

▶ Órdenes de preferencias respecto a los temas de tus vídeos.

▶ Qué vídeos han tenido más éxito y razones posibles del mismo.

Y también para obtener cifras que nos sirvan de punto de partida si tenemos el propósito de comercializar de algún modo nuestra actividad en YouTube.

Existen varios modos de ganar dinero con YouTube. Una de ellas es hacer marketing con vídeos en esa plataforma y en otros lugares. Sin embargo, para ello es necesario crear cierta infraestructura de gestión de contenidos, acción publicitaria, situación de productos en la producción y relaciones comerciales que supera un tanto las posibilidades de alguien que lo que desea es dar a conocer sus vídeos.

Sí que es posible, desde el punto de vista del que parte este vídeo –una actividad recreativa que resulta formativa y divertida– conseguir cierta remuneración por las reproducciones de nuestros vídeos.

Existen dos posibilidades en este sentido. Una, hacerse socio (*partner*) de YouTube; otra, incorporarse a algunos de los *networks* dedicados a la monetización de vídeos.

La más fácil es la primera opción. Para acceder a ella hay que inscribirse en AdSense, plataforma de publicidad de Google. AdSense gestiona la publicidad de millones de webs y organiza las transacciones publicitarias al establecer un sistema de inserciones de anuncios y de contabilización de visitas del público a la publicidad de los anunciantes.

Abrir una cuenta en AdSense y toda la información sobre su funcionamiento:

https://support.google.com/adsense/

Una vez abierta la cuenta la asociaremos a nuestro canal de YouTube. Una vez en la página de tu canal, ve a la configuración y clica en «vincular una cuenta de AdWords para vídeo». Luego, activar la opción de obtener ingresos en el cuadro de funciones.

De este modo, conseguiremos ingresos cada vez que alguien clique sobre un anuncio aparecido en nuestro vídeo. No hay que esperar cantidades importantes, pero es probable que con el tiempo, a medida que aumente nuestra audiencia, aumenten al mismo tiempo las entradas en la publicidad. En todo caso, no se empieza a cobrar hasta que se genera un mínimo de cien dólares, pagaderos con un cheque de Western Union.

Un aspecto imprescindible a tener en cuenta respecto a hacerse *partner* de YouTube es que debemos respetar estrictamente todas las cuestiones relativas a derechos de autor de terceros y no cometer infracciones en esta política tal como la plantea la plataforma.

Un *network* de monetización de YouTube es una empresa de gestión de publicidad ajena a la gran red de vídeos. Se dedica a promover la inserción de anuncios y a retribuir a sus asociados según las visitas que obtengan los anuncios que incluyen en los vídeos.

Para acceder a uno de estos *networks* (hay centenares) hay que cumplir ciertos requisitos. El primero de ellos es ser ya *partner* de YouTube y estar sin infracciones de derechos de autor. El segundo es contar con un mínimo de visitas conseguidas por tus vídeos, generalmente una media de 500 visitas diarias y 500 suscripciones. Hay que hacer una solicitud y si la aceptan, firmas con ellos un contrato de un año. Se suele empezar a cobrar a partir de 20 dólares y los pagos se efectúan via Pay Pal. Se cobra cada mes pero los beneficios se reparten entre el *network*, YouTube y tú.

Algunos de los networks más populares son **Machinima, Full Screen, TGN, VISO, Mitú**.

En nuestra opinión, si se desea obtener ciertas ganancias con los vídeos en YouTube, es conveniente por hacerse *partner* de la plataforma y comprobar si merece la pena el esfuerzo. Si se consigue cierto éxito llega el momento de analizar qué *network* conviene más –por la temática que incluya y por las condiciones del contrato– y valorar bien las ventajas e inconvenientes respecto a una u otra opción.

Llegados a este punto, la cuestión de fondo a considerar es que lo verdaderamente importante es la creación de una marca personal potente, que dé a conocer al youtuber y arroje sobre él una imagen de persona creadora, dinámica y preparada. De cara a una profesionalización, no hay mejor beneficio que éste, y conviene reflexionar sobre si se diera el caso de que un exceso de publicidad asociada a los vídeos pudiera empañar esa imagen positiva y fresca.

BIBLIOGRAFÍA

Casamayor, Miguel, y Sarrias, Mercè. *Cómo escribir el guión que necesitas*, Robinbook, Barcelona.

Freixas, D., Codina, E., Carandell, R., *Com triomfar a YouTube*, ed. La Galera, 2014.

Gifreu Castells, Andreu. *El documental interactivo*, UOC Press, Barcelona.

Jaraba, Gabriel. *Periodismo en internet*. Cómo escribir y publicar contenidos de calidad en internet, Robinbook, Barcelona.

Martínez Abadía, José, y Fernández Díaz, Federico. *Manual básico de lenguaje y narrativa audiovisual*. Paidós. Barcelona-

Martínez Abadía, José. *Introducción a la tecnología audiovisual*, Paidós, Barcelona.

Martínez Abadía, José, y Fernández Díaz, Federico. *Manual del productor audiovisual*, UOC, Barcelona.

Patmore, Chris. *Debutar en el cortometraje*, Acanto, Barcelona.

Pérez Tornero, José Manuel, y Tejedor, Santiago. *Guía de tecnología, comunicación y educación para profesores: preguntas y respuestas*, UOC, Barcelona.

Vogler, Christopher. *El viaje del escritor. El cine, el guión y las estructuras míticas para escritores*, Robinbook Barcelona.

Otros títulos de la colección Ma Non Troppo:

Cómo escribir el guión perfecto
Philip Parker

Acogido ya en Gran Bretaña como referencia indiscutible en la materia, *Cómo escribir el guión perfecto* plasma los esquemas de los guiones de cine, televisión y de los orientados a las producciones documentales y a los audiovisuales corporativos de empresa. Asimismo, analiza detalladamente las fases de la escritura (premisa inicial, boceto preliminar, esquema por pasos, tratamiento y primer borrador) y la inevitable reescritura. Además, ofrece consejos útiles para dar salida a las obras del escritor en el mercado y para encontrar un agente. Todo ello con numerosos ejemplos referidos a las producciones cinematográficas y televisivas de todo el mundo, especialmente de Europa y Estados Unidos.

Cómo se hace una película
Linda Seger y Edward J. Whetmore

Cómo se hace una película detalla todos los pasos a seguir para alcanzar el éxito: desde cómo convertir una idea en un excelente guión hasta los detalles de una producción eficaz, pasando por las relaciones entre artistas y técnicos. Un libro ameno, a la vez que instructivo, en el que el lector encontrará múltiples anécdotas y ejemplos recopilatorios realizados por los autores en más de setenta entrevistas con escritores, directores productores, actores, editores, compositores y otros profesionales del mundo audiovisual. Personajes tan diversos como Oliver Stone, Russell Crowe o Robin Williams nos descubren en este libro los trucos que utilizan en sus películas.

Cómo se hace un cortometraje
Kim Adelman

Cuando haces un cortometraje, el mundo es tuyo. A diferencia del largometraje, donde todo está mucho más reglamentado y necesitas disponer de una buena financiación, el corto solo exige una buena historia y un equipo de amigos que te ayude en la realización.

Gracias a la experiencia de la realizadora de cortometrajes Kim Adelman, con esta obra cualquier futuro director de cortos sabrá cómo maximizar la inversión económica, cómo presentar un corto en un festival o cómo abrirse las puertas para la realización de largometrajes.